農地登記申請MEMO

青山　修 著

新日本法規

は　し　が　き

　農地又は採草放牧地（以下「農地等」といいます。）については、従来は、農地法の許可申請及び農地法令についての逐条解説的な書籍が圧倒的に多く、農地等の不動産登記手続について解説した書籍は、ほとんどありませんでした。

　本書は、農地等の権利移動について、農地法3条、4条又は5条の許可の効力が生じた後の不動産登記の申請手続を主として書かれています。例えば、従来の逐条解説的な書籍においては、農地法所定の許可書が当事者に送達された時に農地法の効力が生じて所有権が移転すると解説されています。

　しかし、不動産売買の取引実務においては、売買代金の残額全部が支払われた時に売主から買主に所有権が移転するという売買契約上の特約を定めている例がほとんどと言えます。この場合には、農地法所定の許可書が当事者に到達した後において、売買代金全額が支払われた時に売主から買主に所有権が移転します。この所有権移転時期は、登記申請情報（登記申請書）に登記原因日付として記録する必要があります。本書では、このように細かい部分についても、説明をしています。また、農地等について遺留分減殺請求権行使の場合には農地法所定の許可が必要か、あるいは遺贈の場合には農地法所定の許可が必要か、遺贈において遺言執行者が選任されている場合と選任されていない場合の登記手続についても詳細な解説をしています。

　本書が登記実務に従事される方々に少しでもお役に立てるようにと、願っています。

　　平成30年10月

　　　　　　　　　　　　　　　　　　　　　　　青山　　修

凡　例

＜本書の意図＞

　本書は、農地等に関する規定や登記の申請における疑義につき、膨大な数の先例や参考書籍を検索することなく、即座に回答を得ることができるよう、Ｑ＆Ａ方式で簡潔明瞭に解説し、関係者の利用の便に供しようとするものです。

＜本書の特長＞

(1)　農地等に関する規定や登記を9項目に分類し、全体で173問のＱ＆Ａを配置しました。

(2)　解説中、重要な箇所は memo. として詳しく解説し、図表中、ポイントとなる箇所には色付けしました。

(3)　質問項目を見開きで左右に配置し、質問の検索がしやすいようにしました。

＜法令等の略称＞

　本文中で使用した法令等の略称は次のとおりです。

①　法　令（〔　〕は、解説本文中で使用した法令の略称）

不登	不動産登記法	会社	会社法
不登令	不動産登記令	家事	家事事件手続法
不登規	不動産登記規則	自治	地方自治法
農地	農地法	税通	国税通則法
農地令	農地法施行令	租特	租税特別措置法
農地規	農地法施行規則	登税	登録免許税法
民	民法	都計	都市計画法
改正民	民法の一部を改正する法律（平29法44）による改正後の民法〔改正民法〕	都市円滑	都市農地の貸借の円滑化に関する法律
		民執	民事執行法

（略記法）

　不登令7①五＝不動産登記令第7条第1項第5号を指す。

② 先例等

処理基準 　　　　　　　「農地法関係事務に係る処理基準について」（平成12年6月1日12構改Ｂ第404号）

事務処理要領 　　　　　「農地法関係事務処理要領」（平成21年12月11日21経営第4608号・21農振第1599号（別添））

「農地法の運用について」　「「農地法の運用について」の制定について」（平成21年12月11日21経営第4530号・21農振第1598号）

（略記法）

　平29・3・23民二175＝平成29年3月23日民二第175号・法務省民事局民事第二課長通達を指す。

　登記記録例231＝平成28年6月8日民二第386号による不動産登記記録例231を指す。

　不登準68＝平成17年2月25日民二第456号による不動産登記事務取扱手続準則第68条を指す。

③ 判　例

判時　判例時報

訟月　訟務月報

民集　最高裁判所(大審院)民事判例集

民録　大審院民事判決録

下民　下級裁判所民事裁判例集

（略記法）

　最判平13・7・10判時1762・110＝最高裁判所平成13年7月10日判決、判例時報1762号110頁を指す。

＜参考文献一覧＞

　参考文献一覧については、巻末に掲載しました。

目　次

		1　農地等の定義・規制概要等
		Q 1〔農地法許可・届出件数〕……………………1
		Q 2〔農地とは〕…………………………………1
		Q 3〔採草放牧地とは〕…………………………2
		Q 4〔採草放牧地と原野・牧場〕………………2
		Q 5〔規制区分〕…………………………………3
		2　農地等についての権利取得の届出
1	農地法の概要	Q 6〔権利取得届出の制度〕……………………6
		Q 7〔権利取得の届出〕…………………………6
		Q 8〔届出を要する農地等〕……………………8
		Q 9〔登記と届出との関係〕……………………8
		3　農地所有適格法人
		Q10〔農地所有適格法人〕………………………10
		Q11〔農地所有適格法人に該当するかの判断基準〕……………………………………13
		Q12〔農地所有適格法人以外の法人の権利取得〕…………………………………………16
2	農地等の権利移動	**1　権利移動における農地法の許可の要否事例表**
		Q13〔許可の要否の例～相続関係以外〕………19
		Q14〔許可の要否の例～相続等一般承継〕……21
		2　売　買
		Q15〔農地法の許可書の要否〕…………………24
		Q16〔市街化区域内の届出書〕…………………24
		Q17〔農地法3条許可による所有権移転の効力発生日〕……………………………………24
		Q18〔農地法5条許可による所有権移転の効力発生日〕……………………………………25

目　次

Q19〔届出の効力発生日〕………………25

Q20〔買主の地位の譲渡〕………………25

Q21〔買主の地位の譲渡・申請情報等〕………27

Q22〔第三者のためにする契約〕………………29

Q23〔第三者のためにする契約・申請情報
　　　等〕………………………………………31

Q24〔農地の転売〕………………………………34

Q25〔売主死亡後の許可〕………………………36

3　買戻し

Q26〔農地法所定の許可の要否〕………………37

Q27〔買戻権の行使〕……………………………37

Q28〔買戻期間経過後の許可〕…………………38

4　相続・合併・会社分割

Q29〔相続・合併・会社分割による権利移
　　　動〕………………………………………39

Q30〔遺産分割〕…………………………………40

Q31〔遺産分割による移転登記の申請情
　　　報・添付情報〕……………………………41

Q32〔共有状態の解消〕…………………………44

Q33〔遺留分減殺〕………………………………44

Q34〔相続分の相続人への譲渡〕………………45

Q35〔相続分の相続人以外の者への譲渡〕………45

5　遺　贈

Q36〔遺　贈〕……………………………………47

Q37〔遺贈・農地法許可申請者〕………………48

Q38〔遺贈の登記―遺言執行者が選任され
　　　ている場合〕………………………………49

Q39〔遺贈の登記―遺言執行者が選任され
　　　ていない場合〕……………………………52

2　農地等の権利移動

目　次

Q40〔遺贈の仮登記〕……………………………54

6　贈与・死因贈与

(1)　贈　与

Q41〔書面によらない贈与の取消し〕…………56

Q42〔贈与者の死亡と許可書の効力〕…………57

(2)　死因贈与

Q43〔死因贈与とは〕……………………………58

Q44〔死因贈与と農地法許可の要否〕…………58

Q45〔死因贈与契約の執行者〕…………………59

Q46〔死因贈与と執行者の代理権限証明情
　　　報〕…………………………………………59

Q47〔死因贈与の仮登記の本登記と執行者
　　　の代理権限証明情報〕……………………60

Q48〔執行者の指定がない死因贈与の申請
　　　情報等〕……………………………………60

Q49〔執行者の指定がある死因贈与の申請
　　　情報等〕……………………………………64

Q50〔死因贈与の仮登記〕………………………67

Q51〔死因贈与の仮登記の本登記の申請情
　　　報等〕………………………………………69

7　財産分与

Q52〔財産分与〕…………………………………72

Q53〔特別縁故者への相続財産の分与〕………73

8　真正な登記名義の回復

Q54〔真正な登記名義の回復〜相続関係以
　　　外〕…………………………………………74

Q55〔真正な登記名義の回復〜相続関係〕……75

2　農地等の権利移動

9 時効取得

Q56〔時効取得と農地法許可書の要否〕……………77

Q57〔時効取得の申請があった場合の取扱
い〕……………………………………………77

Q58〔年月日不詳時効取得の可否〕……………78

Q59〔年月日不詳時効取得が申請可能の例〕……79

10 賃借権の設定・更新・解除

(1) 農地法3条の場合

Q60〔賃借権の設定〕……………………………80

Q61〔賃借権の効力発生日〕……………………80

Q62〔賃貸借の対抗力〕…………………………81

Q63〔賃貸借の存続期間〕………………………81

Q64〔賃貸借の更新〕……………………………81

Q65〔法定更新による賃貸借の期間〕…………81

Q66〔更新拒絶等と都道府県知事の許可〕……81

Q67〔都市農地の貸借〕…………………………82

(2) 農地法5条の場合

Q68〔賃借権の設定〕……………………………84

Q69〔賃借権の効力発生日〕……………………84

Q70〔契約の文書化〕……………………………85

Q71〔市街化区域内の賃貸借〕…………………85

Q72〔賃貸借の対抗力〕…………………………86

Q73〔賃貸借の存続期間〕………………………86

Q74〔賃貸借の更新〕……………………………87

Q75〔法定更新による賃貸借の期間〕…………89

Q76〔更新拒絶等と都道府県知事等の許可〕……90

11 担保権・地役権・区分地上権の設定

Q77〔担保権の設定〕……………………………93

② 農地等の権利移動	Q78〔通行地役権の設定〕……………………93
	Q79〔電線路地役権・地上権の設定〕…………93
	Q80〔区分地上権設定〕…………………………94
	12　判決・調停等
	Q81〔判決書に許可取得の認定あり〕…………95
	Q82〔判決書に非農地の認定あり〕……………95
	Q83〔代位による地目変更登記の申請〕………96
	Q84〔農地法許可の認定がない判決〕…………96
	Q85〔農地法の許可を条件とする判決〕………96
	Q86〔判決後に非農地化〕………………………98
	Q87〔調停と農地法許可の要否〕………………99
	Q88〔農事調停と執行文の要否〕……………100
③ 農地法3条の許可・届出	1　農地法3条1項の許可
	Q89〔農地法3条の権利移動の制限〕…………101
	Q90〔農地法等が定める許可除外事由〕………103
	Q91〔許可の効果〕……………………………109
	Q92〔所有権移転の効力発生日〕……………110
	Q93〔3条許可の所有権移転登記の申請情報
	等〕………………………………………112
	2　市街化区域内の農地等
	Q94〔市街化区域内の所有権移転〕…………116
	3　仮登記
	Q95〔3条仮登記の種類〕……………………118
	Q96〔3条仮登記の申請情報・添付情報〕…118
④ 農地法4条の許可・届出	1　農地法4条1項の許可
	Q97〔農地の転用〕……………………………119
	Q98〔農地法が定める許可除外事由〕………120

4 農地法4条の許可・届出	Q99〔許可権限庁〕……………………126
	Q100〔地目変更と許可書の提供〕…………128
	2 市街化区域内の届出
	Q101〔市街化区域内の転用〕……………129
5 農地法5条の許可・届出	1 農地法5条1項の許可
	Q102〔農地法5条の権利移動の制限〕………130
	Q103〔農地法が定める許可除外事由〕………131
	Q104〔許可権限庁〕……………………135
	Q105〔法定条件〕………………………136
	Q106〔許可を受ける時期〕………………137
	Q107〔許可の効果〕……………………138
	Q108〔所有権移転の効力発生日〕…………138
	Q109〔条件付許可〕……………………140
	Q110〔5条許可の所有権移転登記の申請情報等〕………………………140
	2 市街化区域内の届出
	Q111〔市街化区域内の転用〕……………144
	Q112〔届出の効力発生日〕………………145
	Q113〔届出受理通知書の提供の要否〕………146
	Q114〔市街化区域内の所有権移転登記の申請情報等〕……………………146
6 仮登記	1 仮登記全般（仮登記の本登記を除く）
	Q115〔許可書の提出不能〕………………150
	Q116〔仮登記の申請〕……………………150
	Q117〔2号仮登記がされた場合の登記所の取扱い〕……………………152
	Q118〔3条許可を条件とする仮登記の申請情報等〕……………………154

目　次

	Q 119〔農地法5条の許可・代金完済時に所有権が移転〕……………157
	Q 120〔遺贈の仮登記〕………………161
	Q 121〔死因贈与の仮登記〕…………162
	Q 122〔仮登記権利者・仮登記義務者の死亡〕………………162
	Q 123〔条件を農地法3条又は5条の許可とする仮登記〕………………162
	Q 124〔非農地について農地法の許可を条件とする仮登記〕………………163
	Q 125〔市街化区域内の条件〕…………163
	Q 126〔仮登記の条件を農地法5条の許可から3条に変更〕………………164
6 仮登記	Q 127〔合意解除抹消と許可書の要否〕………164
	2　仮登記の本登記
	Q 128〔農地法5条の許可・代金完済時に所有権が移転〕………………166
	Q 129〔仮登記原因の更正〕…………166
	Q 130〔死因贈与の仮登記の本登記〕…………166
	Q 131〔条件3条許可・5条で本登記申請〕……167
	Q 132〔条件5条許可・3条で本登記申請〕……167
	Q 133〔条件5条許可・5条届出で本登記申請〕………………168
	Q 134〔条件5条仮登記・仮登記移転・3条で本登記〕………………168
	Q 135〔仮登記後の売主の死亡と本登記手続〕………………169
7 農地法と地目変更登記	Q 136〔地目変更通達〕………………170
	Q 137〔地目変更依命通知〕……………175

	Q138〔地目変更登記と地積〕‥‥‥‥‥‥‥178
	Q139〔司法書士ができる地目変更登記申請〕‥‥‥‥‥‥‥‥‥‥‥‥‥‥‥‥179
	Q140〔地目変更と許可書等の提供〕‥‥‥‥179
	Q141〔登記原因日付と許可書〕‥‥‥‥‥‥180
	Q142〔農地法許可書と地目変更の日〕‥‥‥181
7 農地法と地目変更登記	Q143〔非農地について農地法の許可を条件とする仮登記〕‥‥‥‥‥‥‥‥‥‥182
	Q144〔仮登記後に仮登記前の日でされた地目変更〕‥‥‥‥‥‥‥‥‥‥‥‥‥182
	Q145〔2号仮登記を1号仮登記に更正する申請情報等〕‥‥‥‥‥‥‥‥‥‥‥‥184
	Q146〔年月日不詳地目変更〕‥‥‥‥‥‥‥186
	Q147〔債権者代位による地目変更登記〕‥‥187
8 農地法許可と当事者の死亡	1 売主の死亡
	Q148〔申請後・許可前に売主死亡〕‥‥‥‥189
	Q149〔許可書到達前に売主死亡〕‥‥‥‥‥189
	Q150〔売主死亡と登記手続〕‥‥‥‥‥‥‥189
	Q151〔売主が許可後に死亡した場合の所有権移転登記の申請情報等〕‥‥‥‥‥‥190
	Q152〔仮登記後の売主の死亡と本登記手続〕‥‥‥‥‥‥‥‥‥‥‥‥‥‥‥192
	2 買主の死亡
	Q153〔許可前に買主死亡〕‥‥‥‥‥‥‥‥193
	Q154〔許可後に買主死亡〕‥‥‥‥‥‥‥‥193
	Q155〔買主の死亡と登記名義人〕‥‥‥‥‥193
	Q156〔買主の相続人1人からの申請〕‥‥‥194
	Q157〔許可書到達後に買主死亡、所有権移転登記の申請情報等〕‥‥‥‥‥‥195

	3 仮登記上の権利の相続登記
	(1) 1号仮登記について相続が開始した場合
	Q158〔1号仮登記権利者の相続開始〕……………197
	Q159〔1号仮登記義務者の相続開始〕…………200
8 農地法許可と当事者の死亡	Q160〔売主の相続人に相続登記がされている場合〕……………………………………203
	(2) 2号仮登記について相続が開始した場合
	Q161〔2号仮登記権利者の相続開始〕…………206
	Q162〔2号仮登記義務者の相続開始〕…………206
	1 持分・登記名義人の更正登記等
	Q163〔持分の更正〕………………………………209
	Q164〔登記名義人AをA・Bに更正〕…………209
	Q165〔相続登記名義人AをA・Bに更正〕……209
	Q166〔共有を単有に更正〕………………………209
	Q167〔許可書と異なる持分の申請〕……………210
9 農地法許可書と更正登記等	Q168〔持分の記載がない許可書〕………………210
	Q169〔氏名の更正〕………………………………210
	Q170〔譲渡人の住所の変更更正〕………………211
	Q171〔譲受人の住所の変更更正〕………………211
	2 登記原因の更正登記
	Q172〔贈与を売買に更正〕………………………212
	Q173〔売買を真正な登記名義の回復に更正〕……………………………………………212

1 農地法の概要 1

全国における平成27年の農地法所定の許可・届出の件数は、次のとおりである（農林水産省ホームページ「農地の権利移動・借賃等調査」）。

Q1〔農地法許可・届出件数〕
農地法3条、4条及び5条の規定に基づく農地所有権移転の許可又は届出の件数は、何件あるか

農地法	件　　数		合計件数
3条	許可・届出	35,447	35,447
4条	転用許可	14,730	34,366
	転用届出	19,636	
5条	転用許可	61,526	114,305
	転用届出	52,779	

「農地」とは、耕作の目的に供される土地をいう（農地2）。この場合、「耕作」とは土地に労費を加え肥培管理を行って作物を栽培することをいい、「耕作の目的に供される土地」には、現に耕作されている土地のほか、現在は耕作されていなくても耕作しようとすればいつでも耕作できるような、すなわち、客観的に見てその現状が耕作の目的に供されるものと認められる土地（休耕地、不耕作地等）も含まれる（処理基準別紙1第1(1)①）。

以下 1 農地法の概要において、農地又は採草放牧地のことを「農地等」という場合がある。

memo. 農地等に該当するかは、その土地の現況によって判断するのであって、土地の登記簿の地目によって判断してはならない（処理基準別紙1第1(2)）。

Q2〔農地とは〕
農地法でいう「農地」とは、どのような目的に供される土地をいうのか

農地等の定義・規制概要等

2 　1 　農地法の概要

Q3〔採草放牧地とは〕
農地法でいう「採草放牧地」とは、どのような目的に供される土地をいうのか

「採草放牧地」とは、農地以外の土地で、主として耕作又は養畜の事業のための採草又は家畜の放牧の目的に供されるものをいう（農地2）。林木育成の目的に供されている土地が併せて採草放牧地の目的に供されており、そのいずれが主であるかの判定が困難な場合には、樹冠の疎密度（→ **memo.** ）が0.3以下の土地は主として採草放牧の目的に供されていると判断する（処理基準別紙1第1(1)②）。

「耕作又は養畜の事業」とは、耕作又は養畜の行為が反覆継続的に行われることをいい、必ずしも営利の目的であることを要しない（処理基準別紙1第1(1)③）。

memo. ① 樹冠疎密度＝一定森林面積上の林木の生育状態を示す密度。おおむね20㎡の森林の区域に係る樹冠投影面積を当該区域の面積で除して算出される。樹冠疎密度は、樹冠投影面積を森林面積で割った値。0.8以上は混み過ぎ（林野庁ホームページ）。

② 樹冠＝樹林において、葉が集まって光合成を行なっている樹木の上部部分（広辞苑7版1392頁）。

Q4〔採草放牧地と原野・牧場〕
不動産登記法上の原野又は牧場は、農地法上の採草放牧地に該当するといえるか

「不登法〔不動産登記法〕上の原野又は牧場は全て農地法上の採草放牧地ではない」（事例にみる表示に関する登記(3)211頁）。登記手続上は、「採草放牧地」という地目や「牧草栽培地」という地目を定めることは認められていない（地目認定127頁）。

不動産登記事務取扱手続準則は、「牧場」を家畜を放牧する土地、「原野」を耕作の方法によらな

農地等の定義・規制概要等

1 農地法の概要 3

いで雑草、かん木類の生育する土地と定めている（不登準68(10)(11)）。また、採草のみを目的とする土地の地目は、「原野」とされている（登研133・46）。

農地法は、「採草放牧地」とは、農地以外の土地で、主として耕作又は養畜の事業のための採草又は家畜の放牧の目的に供されるものをいう、としている（農地2）。

memo. ＜採草放牧地か否かの認定について＞

「耕作または養畜の事業のための採草または家畜の放牧の目的に供されている土地（農地法第2条の規定による採草放牧地）は、不動産登記法施行令［全部改正による失効：平成16年政令379号］第3条または土地台帳法［昭和35年廃止］第7条の規定による原野または牧場に含まれるものと解するが、採草放牧地に該当するものについては農地法の統制規定との関係を留意するものとし、登記官吏が地目を確認するにあたり、採草放牧地に該当するか否かその判定の困難な土地については、地目の認定の参考とするため、当該土地が採草放牧地に該当するか否かにつき、適宜の方法をもつて関係農業委員会の意見を聞くものとする。」（昭38・6・19民甲1740、昭48・12・21民三9199と同旨）。

農地又は採草放牧地についての権利移動の制限の概要は次のとおり。

Q5〔規制区分〕
農地法3条、4条、5条は、どのような権利移動の制限をしているのか

農地等の定義・規制概要等

農地法	権利移動の制限
3条1項	□ 農地又は採草放牧地のままで所有権を移転し、又は地上権等を設定・移転する場合の許可条項である。地目を変更する転用行為はしない場合である。 ① 原 則 　農地又は採草放牧地について所有権を移転し、又は地上権、永小作権、質権、使用貸借による権利、賃借権若しくはその他の使用及び収益を目的とする権利を設定し、若しくは移転する場合には、当事者が農業委員会の許可を受けなければならない。 ② 許可不要 　農地法3条1項各号のいずれかに該当する場合及び同法5条1項本文に規定する場合は、許可を要しない。 ③ 詳　細→**Q89**以下。
4条1項	□ 農地を農地以外のものにするための許可条項である。自己転用であり、所有権を移転し、又は地上権等を設定・移転する行為はしない場合である。 ① 原 則 　農地を農地以外のものにする者は、都道府県知事（農地又は採草放牧地の農業上の効率的かつ総合的な利用の確保に関する施策の実施状況を考慮して農林水産大臣が指定する市町村（以下「指定市町村」という。）の区域内にあっては、指定市町村の長。以下「都道府県知事等」という。）の許可を受けなければならない。 ② 許可不要 　農地法4条1項各号のいずれかに該当する場合は、許可を要しない。 ③ 詳　細→**Q97**以下。
5条1項	□ 農地法3条1項と4条1項とをプラスしたようなもので、転用のために所有権を移転し、又は地上権等を設定・移転する許可を得る場合である。

① 原　則

　　農地を農地以外のものにするため又は採草放牧地を採草放牧地以外のもの（農地を除く。）にするため、これらの土地について農地法3条1項本文に掲げる権利を設定し、又は移転する場合には、当事者が都道府県知事等（4条1項の欄①参照）の許可を受けなければならない。

② 許可不要

　　農地法5条1項各号のいずれかに該当する場合は、許可を要しない。

③ 詳　細→**Q102**以下。

6 　1 　農地法の概要

農地等についての権利取得の届出

Q6〔権利取得届出の制度〕

農地法で定められている権利取得の届出制度の趣旨は、どのようなものか

農地又は採草放牧地についての権利取得の届出（農地3の3）は、農業委員会が許可等によっては把握できない農地又は採草放牧地についての権利の移動があった場合にあっても、農業委員会がこれを知り、その機会をとらえて、農地又は採草放牧地の適正かつ効率的な利用のために必要な措置を講ずることができるようにするものである（処理基準別紙1第5）。

この権利取得の届出は、農地法3条、4条及び5条の許可（市街化区域内における届出）の申請の制度とは別の制度である。

memo. この制度は、平成21年の農地法改正（平成21年法律57号、平成21年12月15日施行）により設けられた。

Q7〔権利取得の届出〕

農地について、どのような権利を取得した場合に届出をしなければならないか

(1)　権利取得者による届出

農地又は採草放牧地について、所有権、地上権、永小作権、質権、使用貸借による権利、賃借権若しくはその他の使用及び収益を目的とする権利を取得した者は、後掲(3)の場合を除き、遅滞なく（→ **memo.** ）、農林水産省令（農地規21）で定めるところにより、その農地又は採草放牧地の存する市町村の農業委員会にその旨を届け出なければならない（農地3の3）。

この届出は、所定事項を記載した書面を提出してしなければならない（農地規21）。届出をしない者は、10万円以下の過料の対象になる（農地69）。

memo. 「遅滞なく」とは、農地等についての権利を取得したことを知った時点からおおむね10か月以内の期間とする（処理基準別紙1第5(2)）。

1 農地法の概要　7

(2)　権利取得の例

　　農地法3条の3第1項の規定に基づき届出を
すべきとされている農地又は採草放牧地に
ついての権利取得は、具体的には、相続（遺
産分割、包括遺贈及び相続人に対する特定
遺贈を含む。）、法人の合併・分割、時効（時
効取得）等による権利取得をいう（処理基準
別紙1第5(1)）。

　　なお、この届出は、農地法3条1項本文に掲
げる権利取得の効力を発生させるものでは
ない。例えば、届出をしたことにより時効
による権利の取得が認められるというもの
ではない（処理基準別紙1第5(3)）。

(3)　届出不要の場合

　　次の場合には、農業委員会に対する権利
取得の届出をする必要はない（農地3の3）。

①　農地法3条1項の許可を受けてこれらの
権利を取得した場合（**Q89**参照）

　　農地法3条1項の許可を受けた売買や贈
与による所有権移転が許可除外例に該当
するから、これらの許可を受けた権利取
得の場合には届出をすることを要しない。
農地法5条1項の許可の場合も同様である
（③㋐参照）。

②　農地法3条1項各号（12号及び16号を除
く。）のいずれかの許可除外例に該当する
場合

③　農地法3条の3の規定により、農林水産
省令（農地規20）で定める次のいずれかに
該当する場合

㋐　農地法5条1項本文に規定する場合

㋑　特定農地貸付けに関する農地法等の
特例に関する法律3条3項の承認を受け

農地等についての権利取得の届出

8 　1　農地法の概要

農地等についての権利取得の届出		て農地法3条1項本文に掲げる権利を取得した場合 　㋒　市民農園整備促進法11条1項の規定により特定農地貸付けに関する農地法等の特例に関する法律3条3項の承認を受けたものとみなされて農地法3条1項本文に掲げる権利を取得した場合 　㋓　農地法施行規則15条各号（5号を除く。）のいずれかに該当する場合
	Q8〔届出を要する農地等〕 　農地又は採草放牧地について権利取得の届出をしなければならない区域について制限はあるか	農地法3条の3に規定する農地又は採草放牧地の権利取得の届出については、現況が農地又は採草放牧地である土地が対象となるものであり、届出の適用地域については農地法上制限はされていない。 　したがって、**Q7**(3)の場合を除き、都市計画法上の区域（都計7）の内外を問わず、市街化区域内、市街化調整区域又は無指定地域に存在する全ての農地又は採草放牧地が対象である。
	Q9〔登記と届出との関係〕 　農地又は採草放牧地の権利取得の届出は、当該権利取得に係る不動産登記の申請をした場合にはすることを要しないか	農地法3条の3の規定に基づく農地又は採草放牧地の権利取得の届出は、**Q7**に記載したように、届出義務を免除されている場合を除き、農地又は採草放牧地の「権利を取得した者」が届出を行う（届出義務を負う）ものである。これに対して、権利取得の登記は、登記をすることができる権利（不登3）を取得した者が、その権利を保全するために（民177、不登4・105・106）行うものである。 　このように、農地又は採草放牧地の権利取得の届出義務の制度と不動産登記の制度とは関係のないものであり、農地法3条の3の規定に基づき農地又は採草放牧地の権利取得者から農業委員

会に対して権利取得の届出がなされたとして
も、登記官の職権により当該権利の取得の登記
が登記所でされることはない。また、これとは
逆に、農地法3条1項又は5条1項に掲げる所有権
等の権利について取得登記がされても、権利取
得の届出義務を免れるものではない。

農地等についての権利取得の届出

10　1　農地法の概要

農地所有適格法人

Q10〔農地所有適格法人〕
農地所有適格法人とは、どのような法人か

［農地所有適格法人の図］

農地所有適格法人 ── 農事組合法人
　　　　　　　　　├─ 株式会社（非公開会社に限る）
　　　　　　　　　└─ 持分会社
　　　　　　　　　　　　合名会社
　　　　　　　　　　　　合資会社
　　　　　　　　　　　　合同会社

農地法その他の法令において、「農地所有適格法人」という法人の設立を認めているわけではない。「農地所有適格法人」とは、農業協同組合法で規定する農事組合法人（農業協同組合法72条の10第1項2号の農事組合法人に限る。）、会社法で規定する公開会社（会社2五）でない株式会社（株式譲渡制限会社）又は持分会社（合名会社・合資会社・合同会社）で、次に掲げる要件の全てを満たしているものをいう（農地2③）。

① その法人の主たる事業が農業（その行う農業に関連する事業であって農畜産物を原料又は材料として使用する製造又は加工その他農林水産省令（農地規2）で定めるもの、農業と併せ行う林業及び農事組合法人にあっては農業と併せ行う農業協同組合法72条の10第1項1号の事業を含む。）であること。

② その法人が、株式会社にあっては次に掲げる者に該当する株主の有する議決権の合計が総株主の議決権の過半を、持分会社にあっては次に掲げる者に該当する社員の数が社員の総数の過半を占めているものであること。

1 農地法の概要　11

㋐　その法人に農地若しくは採草放牧地につ
いて所有権若しくは使用収益権（地上権、
永小作権、使用貸借による権利又は賃借権
をいう。以下同じ。）を移転した個人（その
法人の株主又は社員となる前にこれらの権
利をその法人に移転した者のうち、その移
転後農林水産省令（農地規3）で定める一定
期間内（6か月）に株主又は社員となり、引
き続き株主又は社員となっている個人以外
のものを除く。）又はその一般承継人（農林
水産省令（農地規4）で定めるものに限る。）
㋑　その法人に農地又は採草放牧地について
使用収益権に基づく使用及び収益をさせて
いる個人
㋒　その法人に使用及び収益をさせるため農
地又は採草放牧地について所有権の移転又
は使用収益権の設定若しくは移転に関し農
地法3条1項の許可を申請している個人（当
該申請に対する許可があり、近くその許可
に係る農地又は採草放牧地についてその法
人に所有権を移転し、又は使用収益権を設
定し、若しくは移転することが確実と認め
られる個人を含む。）
㋓　その法人に農地又は採草放牧地について
使用貸借による権利又は賃借権に基づく使
用及び収益をさせている農地利用集積円滑
化団体（農業経営基盤強化促進法11条の14
に規定する農地利用集積円滑化団体をい
う。）又は農地中間管理機構（農地中間管理
事業の推進に関する法律2条4項に規定する
農地中間管理機構をいう。以下同じ。）に
当該農地又は採草放牧地について使用貸借
による権利又は賃借権を設定している個人

農地所有適格法人

農地所有適格法人

　　㋔　その法人の行う農業に常時従事する者
　　　（農地法2条2項各号に掲げる事由により一
　　　時的にその法人の行う農業に常時従事する
　　　ことができない者で当該事由がなくなれば
　　　常時従事することとなると農業委員会が認
　　　めたもの及び農林水産省令（農地規5）で定
　　　める一定期間内にその法人の行う農業に常
　　　時従事することとなることが確実と認めら
　　　れる者を含む。以下「常時従事者」という。）
　　　　常時従事者であるかどうかを判定すべき
　　　基準は、農林水産省令（農地規9）で定める
　　　（農地2④）。
　　㋕　その法人に農作業（農林水産省令（農地
　　　規6）で定めるものに限る。）の委託を行っ
　　　ている個人
　　㋖　その法人に農業経営基盤強化促進法7条3
　　　号に掲げる事業に係る現物出資を行った農
　　　地中間管理機構
　　㋗　地方公共団体、農業協同組合又は農業協
　　　同組合連合会
　③　その法人の常時従事者たる構成員（農事組
　　合法人にあっては組合員、株式会社にあって
　　は株主、持分会社にあっては社員をいう。）が
　　理事等（農事組合法人にあっては理事、株式
　　会社にあっては取締役、持分会社にあっては
　　業務を執行する社員をいう。④において同
　　じ。）の数の過半を占めていること。
　④　その法人の理事等又は農林水産省令（農地
　　規7）で定める使用人（いずれも常時従事者に
　　限る。）のうち、1人以上の者がその法人の行
　　う農業に必要な農作業に1年間に農林水産省
　　令（農地規8）で定める日数以上従事すると認

1　農地法の概要　13

められるものであること。

memo.1　「農業生産法人」の名は、平成28年4月1日施行の改正農地法（平成27年法律63号）により、「農地所有適格法人」に改められた。

memo.2　農地所有適格法人に該当するかの判断基準は、Q11参照。

「農地法関係事務に係る処理基準について」（平12・6・1　12構改B404）別紙1第1(4)において、次のように定められている。

Q11〔農地所有適格法人に該当するかの判断基準〕

農地所有適格法人に該当するかの判断基準は、どのように定められているか

農地所有適格法人

(4)　農地所有適格法人の判断基準

法［「農地法」をいう。以下同じ。］第2条第3項の「農地所有適格法人」に該当するかの判断に当たっては、法令の定めによるほか、次によるものとする。

①　株式会社にあっては、その発行する全部の株式の内容として譲渡による当該株式の取得について当該株式会社の承認を要する旨の定款の定め（以下「株式譲渡制限」という。）を設けている場合に限り、認めるものである。

例えば、株式の譲受人が従業員以外の者である場合に限り承認を要する等の限定的な株式譲渡制限は、これに当たらない。

②　法第2条第3項第1号の「法人の主たる事業が農業」であるかの判断は、その判断の日を含む事業年度前の直近する3か年（異常気象等により、農業（同号に規定する農業をいう。以下この②、⑩、⑭及び⑮において同じ。）の売上高が著しく低下した年が含まれている場合には、当該年を除いた直近する3か年）におけるその農業に係る売上高が、当該3か年における法人の事業全体の売上高の過半を占めているかによるものとする。

③　法人の行う事業が、法人の行う農業と一次的な関連を持ち農業生産の安定発展に役立つものである場合には、法第2条第3項第1号の「その行う農業に関連する事業」に該当するものである。

具体的には、例えば次のようなことが想定される。

ア　「農畜産物を原料又は材料として使用する製造又は加工」とは、りんごを生産する法人が、自己の生産したりんごに加え、他から購入したりんごを原料として、りんごジュースの製造を行う場合、野菜を生産する法人が、

料理の提供、弁当の販売若しくは宅配又は給食の実施のため、自己の生産した野菜に加え、他から購入した米、豚肉、魚等を材料として使用して製造又は加工を行う場合等である。

イ 「農畜産物の貯蔵、運搬又は販売」とは、りんごの生産を行う法人が、自己の生産したりんごに加え、他の農家等が生産したりんごの貯蔵、運搬又は販売を行う場合等である。

ウ 「農業生産に必要な資材の製造」とは、法人が自己の農業生産に使用する飼料に加え、他の農家等への販売を目的とした飼料の製造を行う場合等である。

エ 「農作業の受託」とは、水稲作を行う法人が自己の水稲の刈取りに加え、他の農家等の水稲の刈取りの作業の受託を行う場合等である。

オ 「農村滞在型余暇活動に利用されることを目的とする施設」とは、観光農園や市民農園（農園利用方式によるものに限る。）等主として都市の住民による農作業の体験のための施設のほか、農作業の体験を行う都市の住民等が宿泊又は休養するための施設、これらの施設内に設置された農畜産物等の販売施設等である。また、「必要な役務の提供」とは、これらの施設において行われる各種サービスの提供を行うことである。

なお、都市の住民等による農作業は、法人の行う農業と一時的な関連を有する必要があることから、その法人の行う農業に必要な農作業について行われる必要がある。

④ 法第2条第3項第2号に掲げる議決権に係る要件は、農業関係者以外の者が議決権の行使により会社の支配権を有することとならないよう設けているものであり、定款で議決権を認めないと定めた種類株式を制限するものではない。

⑤ 株式会社又は持分会社が法第2条第3項第2号に掲げる要件を満たすためには、同号イからチまでに掲げる者が総議決権又は総社員の過半を占めていればよい。なお、その法人が農事組合法人である場合にあっては、農業協同組合法（昭和22年法律第132号）第72条の13第1項に規定する組合員たる資格に係る要件及び同条第3項に規定する組合員数に係る要件を満たす必要がある。

⑥ 法第2条第3項第2号イの「移転」には、譲渡のほか出資等が含まれる。

⑦ 法第2条第3項第2号イの「一般承継人」とは、被承継人の権利義務を一括して承継する者で、ここでは相続人及び包括受遺者をいう。一般承継人については則［「農地法施行規則」をいう。以下同じ。］第4条に定めるものに限られ、これらの者は農地等［農地又は採草放牧地をいう（本別紙1第1(1)）］の所有権又は使用収益権（地上権、永小作権、使用貸借による権利又は賃借権をいう。以下同じ。）を移転した個人と同様に取り扱われる。

⑧ 法第2条第3項第2号ロの「個人」には、その法人のために使用収益権を設定

した個人及びその使用収益権が設定されている農地等を相続又は遺贈により承継した個人が含まれる。ただし、農地等の所有権等を移転した場合とは異なり、一般承継人であってもその使用収益権が設定されている農地等を承継した者以外のものは、設定した個人とみなさない。

⑨　法第2条第3項第2号ニの「個人」には、農業経営基盤強化促進法（昭和55年法律第65号）第11条の14に規定する農地利用集積円滑化団体又は農地中間管理事業の推進に関する法律（平成25年法律第101号）第2条第4項に規定する農地中間管理機構を通じてその法人に使用貸借による権利又は賃借権を設定した個人及びこれらの権利が設定されている農地等を相続又は遺贈により承継した個人が含まれる（なお、一般承継人については、⑧と同様に取り扱われる。）。

⑩　法第2条第3項第2号ホの「常時従事する者」の判定基準である則第9条並びに附録第一及び附録第二の算式における構成員がその法人に年間従事する日数及び法人の行う農業に必要な年間総労働日数は、過去の実績を基準とし、将来の見込みを勘案して判断する。

⑪　常時従事者たる構成員がその法人から脱退した場合であって、その者がその法人に移転等した農地等が現物出資の払戻の特約等によりその者に返還されるときは法第3条の許可が必要である。

⑫　則第6条の「農産物を生産するために必要となる基幹的な作業」とは、水稲にあっては耕起・代かき、田植及び稲刈り・脱穀の基幹3作業、麦又は大豆にあっては耕起・整地、播種及び収穫、その他の作物にあっては水稲及び麦又は大豆に準じた農作業をいう。

⑬　法第2条第3項第3号の「理事等の数の過半」とは、理事等の定数の過半ではなく、その実数の過半をいうものとする。

⑭　法第2条第3項第4号の「その法人の行う農業に必要な農作業」とは、耕うん、整地、播種、施肥、病虫害防除、刈取り、水の管理、給餌、敷わらの取替え等耕作又は養畜の事業に直接必要な作業をいい、農業に必要な帳簿の記帳事務、集金等は農作業には含まれないものとする。

⑮　則第7条の「法人の行う農業に関する権限及び責任を有する者」とは、支店長、農場長、農業部門の部長その他いかなる名称であるかを問わず、その法人の行う農業に関する権限及び責任を有し、地域との調整役として責任をもって対応できる者をいう。

　　権限及び責任を有するか否かの確認は、当該法人の代表者が発行する証明書、当該法人の組織に関する規則（使用人の権限及び責任の内容及び範囲が明らかなものに限る。）等で行う。

農地所有適格法人

Q12〔農地所有適格法人以外の法人の権利取得〕

農地所有適格法人以外の法人は、農地又は採草放牧地について所有権等の権利を取得することができるか

(1) 原　則

農地所有適格法人以外の法人については、農地又は採草放牧地について所有権、地上権、永小作権、質権、使用貸借による権利、賃借権若しくはその他の使用及び収益を目的とする権利を取得することにつき、原則として、農地法3条1項の許可はされない（農地3②本文・二）。

(2) 例　外

次の場合には、農業委員会は、農地法3条1項の許可をすることができる、とされている。

① 民法269条の2第1項の地上権（区分地上権）又はこれと内容を同じくするその他の権利（例：当該土地の空中や地下に設定する地役権）が設定され、又は移転されるとき（農地3②ただし書）

② 農業協同組合法10条2項に規定する事業を行う農業協同組合又は農業協同組合連合会が農地又は採草放牧地の所有者から同項の委託を受けることにより前掲(1)に掲げる権利が取得されることとなるとき（農地3②ただし書）

③ 農業協同組合法11条の50第1項1号に掲げる場合において農業協同組合又は農業協同組合連合会が使用貸借による権利又は賃借権を取得するとき（農地3②ただし書）

④ 前掲(1)に掲げる権利を取得しようとする者がその取得後において耕作又は養畜の事業に供すべき農地及び採草放牧地の全てについて耕作又は養畜の事業を行うと認められ、かつ、次のいずれかに該当すること（農地3②二）

1　農地法の概要　17

㋐　前掲(1)に掲げる権利を取得しようと
する者が法人であって、前掲(1)に掲げ
る権利を取得しようとする農地又は採
草放牧地における耕作又は養畜の事業
がその法人の主たる業務の運営に欠く
ことのできない試験研究又は農事指導
のために行われると認められること（農
地令2①一イ）

㋑　地方公共団体（都道府県を除く。）が
前掲(1)に掲げる権利を取得しようとす
る農地又は採草放牧地を公用又は公共
用に供すると認められること（農地令2
①一ロ）

㋒　教育、医療又は社会福祉事業を行う
ことを目的として設立された法人で農
林水産省令（農地規16①）で定めるもの
が前掲(1)に掲げる権利を取得しようと
する農地又は採草放牧地を当該目的に
係る業務の運営に必要な施設の用に供
すると認められること（農地令2①一ハ）
　　農地法施行規則16条1項で定める法人
は、学校法人、医療法人、社会福祉法人
その他の営利を目的としない法人であ
る。

㋓　独立行政法人農林水産消費安全技術
センター、独立行政法人家畜改良セン
ター又は国立研究開発法人農業・食品
産業技術総合研究機構が前掲(1)に掲げ
る権利を取得しようとする農地又は採
草放牧地をその業務の運営に必要な施
設の用に供すると認められること（農
地令2①一ニ）

⑤　耕作又は養畜の事業を行う者が所有権

農地所有適格法人

1 農地法の概要

農地所有適格法人

以外の権原（第三者に対抗することができるものに限る。後掲④において同じ。）に基づいてその事業に供している農地又は採草放牧地につき当該事業を行う者及びその世帯員等以外の者が所有権を取得しようとする場合において、許可の申請の時におけるその者又はその世帯員等の耕作又は養畜の事業に必要な機械の所有の状況、農作業に従事する者の数等からみて、㋐及び㋑に該当すること（農地令2①二）

㋐　許可の申請の際現にその者又はその世帯員等が耕作又は養畜の事業に供すべき農地及び採草放牧地の全てを効率的に利用して耕作又は養畜の事業を行うと認められること

㋑　その土地についての所有権以外の権原の存続期間の満了その他の事由によりその者又はその世帯員等がその土地を自らの耕作又は養畜の事業に供することが可能となった場合において、これらの者が耕作又は養畜の事業に供すべき農地及び採草放牧地の全てを効率的に利用して耕作又は養畜の事業を行うことができると認められること

2 農地等の権利移動　19

> **Q13〔許可の要否の例～相続関係以外〕**
> 農地の相続関係以外の権利移動につき、農地法3条1項又は5条1項の許可の要否事例を示せ

(1)　許可を要しない事例

	事　例	根　拠
①	農地法3条1項ただし書（12号を除く。）に規定する許可除外事由に該当する場合	**Q90**参照
	農地法5条1項ただし書に規定する許可除外事由に該当する場合	**Q103**参照
②	時効取得 ―原始取得である。	昭38・5・6民甲1285
③	法人格なき社団における「委任の終了」 ―社団自体に権利変動は生じていない。	昭58・5・11民三2983
④	持分放棄 ―民法255条の規定による権利変動。	昭23・10・4民甲3018
⑤	「真正な登記名義の回復」を原因として、前の所有権登記名義人に所有権を回復する場合 ―これ以外の場合は、許可要。 具体例→**Q54**。	昭40・9・24民甲2824
⑥	不動産競売・公売の買受人は農地法の許可を要するが、所有権移転登記嘱託書には、この認可書の添付を要しない。	昭21・9・3民甲569、民執71二参照
⑦	売買、贈与契約の解除の場合は、農地法の許可書の提供不要。	昭31・6・19民甲1247

権利移動における農地法の許可の要否事例表

	合意解除による売買、贈与契約による所有権移転登記の抹消には農地法の許可書の提供を要する。	
⑧	農地の所有権移転登記後、錯誤でこの登記を抹消するには農地法の許可を要しない。	登研362・81

(2) 許可を要する事例

	事　例	根　拠
①	共有農地の共有物分割	昭41・11・1民甲2979
②	民法646条2項による移転（受任者による権利移転）	登研456・130
③	財産分与を原因として共同申請により農地の所有権移転登記の申請をする場合（ただし、財産分与に関する裁判、調停による場合は、許可不要）	農地3①十二、登研523・138
④	買戻権の行使	農地法3条事案として昭30・2・19民甲355
⑤	「真正な登記名義の回復」を原因として、前の所有権登記名義人に所有権を回復する場合は許可を要しないが、これ以外の場合は、許可要。具体例→**Q54**。	昭40・9・24民甲2824
⑥	「合意解除」による売買、贈与契約による所有権移転登記の抹消には農地法の許可書の提供を要する。売買、贈与契約の「解除」は、農地法の許可書の提供不要。	昭31・6・19民甲1247
⑦	農地の地下に工作物を設置することを目的とする地上権又は地役権を設定する場合	昭44・6・17民甲1214
⑧	1筆の土地全部に通行を目的とする地役権を設定する場合	登研492・119

②　農地等の権利移動　21

| ⑨ | 譲渡担保により譲渡担保権者に所有権を移転する場合 | 東京高判昭55・7・10判時975・39 |

Q14〔許可の要否の例～相続等一般承継〕
相続等一般承継に係る農地の権利移動につき、農地法3条1項又は5条1項の許可の要否事例を示せ

(1)　許可を要しない事例

	事　　例	根　　拠
①	農地法3条1項12号に規定する場合（遺産の分割、裁判等による財産分与） 農地法5条1項ただし書に規定する場合	**Q90**参照 **Q103**参照
②	相　　続	承継は法律上当然に生ずる（民896）。
③	遺産分割	農地3①十二
④	共同相続人間における相続分の譲渡	最判平13・7・10判時1762・110
⑤	包括遺贈	農地規15五
⑥	相続人に対する特定遺贈	農地規15五
⑦	遺留分減殺	登先359・49、登研233・72
⑧	特別縁故者への相続財産の分与	農地3①十二
⑨	相続による所有権移転登記の登記名義人Aを、「真正な登記名義の回復」により他の相	平24・7・25民二1906

権利移動における農地法の許可の要否事例表

	続人Bに所有権移転登記する登記原因証明情報に、事実関係（相続登記が誤っていること、申請人が相続により取得した真実の所有者であること等）又は法律行為（遺産分割等）が記録されている場合（→ `memo.`）	
⑩	合　併	承継は法律上当然に生ずる（会社750①ほか）。
⑪	会社分割	登研648・197

`memo.`　農地について「真正な登記名義の回復」を登記原因として、前の所有権登記名義人に回復する場合には、農地法所定の許可書の提供を必要としないが、その他の場合には必要とする昭40・9・24民甲2824は、平24・7・25民二1906により、「前の所有権登記名義人に回復する場合及び相続人から他の相続人に回復する場合には、農地法所定の許可書の提供は必要としないが、その他の場合には必要とする。」に変更されたことになる（不動産登記実務の視点Ⅴ46頁。筆者注：⑨記載のように登記原因証明情報に事実関係又は法律行為の記載があることを要する。）。

(2)　許可を要する事例

	事　例	根　拠
①	相続人以外の者に対する相続分の譲渡	農地の権利移動・転用可否判断の手引194頁
②	共同相続人中のAが特定の不動産を相続する代わりに、A所有の不動産を他の相続人Bが取得（登記原因は「遺産分割の贈与」）する場合のAからBへの所有権移転	登研528・184

| ③ | 相続による所有権移転登記の登記名義人Ａから、真正な登記名義の回復により他の相続人Ｂに所有権移転（→ **memo.** ） | 登研432・127 |
| ④ | 死因贈与 | 農地の権利移動・転用可否判断の手引227頁 |

memo. 昭40・9・24民甲2824は、農地について「真正な登記名義の回復」を登記原因として前の所有権登記名義人に回復する場合には、農地法所定の許可書を必要としないが、その他の場合には必要とするとしている。ここでいう「その他の場合」には、相続人から他の相続人に所有権が移転する場合も含まれると解されている（不動産登記実務の視点Ⅴ45頁）。(1)の **memo.** 参照。

権利移動における農地法の許可の要否事例表

売買	**Q15〔農地法の許可書の要否〕** 農地又は採草放牧地について売買による所有権移転登記の申請をするためには、農地法所定の許可書の提供を要するか	(1) 農地法所定の許可書 　農地又は採草放牧地の売買による所有権の移転は、原則として、農地法所定の許可を要する（農地3①・5①）。農地法所定の許可を要する場合においては、所有権移転登記の申請情報と併せて農地法所定の許可書を提供しなければならない（昭31・2・28民甲431）。 (2) 農地法の許可の除外事由 　農地法3条の場合は**Q90**、農地法5条の場合は**Q103**参照。 (3) 農地法許可の許可権限庁 　農地法3条の場合は**Q89**、農地法5条の場合は**Q104**参照。 `memo.`　農地法所定の許可書は、「登記原因について第三者の許可、同意又は承諾を要するときは、当該第三者が許可し、同意し、又は承諾したことを証する情報」に該当する（不登令7①六、注釈不動産登記法総論（下）116頁）。
	Q16〔市街化区域内の届出書〕 市街化区域内における農地又は採草放牧地の所有権移転登記の申請をするためには、農地法所定の届出書の提供を要するか	届出書の提供を要する。農地法5条の場合は**Q111**参照。
	Q17〔農地法3条許可による所有権移転の効力発生日〕 農地売買につき農地法3条1項の許可があった場合、所有権移転の効力発生日はいつか	**Q92**参照。

Q108参照。	**Q18〔農地法5条許可による所有権移転の効力発生日〕** 農地売買につき農地法5条1項の許可があった場合、所有権移転の効力発生日はいつか
Q112参照。	**Q19〔届出の効力発生日〕** 農業委員会に農地法5条1項6号の規定による農地転用届出書を提出した場合、転用届出の効力は、いつ発生するか
	Q20〔買主の地位の譲渡〕 A・B間で農地の売買契約を締結したが、AからBに所有権の移転をする前にBがCに買主の地位の譲渡をした場合、農地法所定の許可はどのようにすべきか

〔買主の地位の譲渡事例図〕

A 売主 ‥‥‥‥‥▶ B 買主の地位の譲渡者 ‥‥‥‥‥▶ C 買主

BからCへ 買主の地位の譲渡

AとCとで農地法の許可申請。
所有権は、AからCに直接、移転する。

(1)　農地法許可申請の当事者
　　A・B間の農地売買契約締結後、AからB
　に所有権が移転される前に、BからCに買
　主の地位の譲渡があった場合、当該譲渡に

つきAの承諾があれば、CはAに対し、直接A→Cという転用目的の農地所有権移転のための農地法上の許可申請手続をなすよう請求することができる（最判昭46・6・11判時639・75）。

(2) 買主の地位の譲渡

買主の地位の譲渡とは、売買契約の当事者たる買主の地位の承継を目的とする契約上の地位の譲渡である。当該地位の譲渡を受けた者は、契約当事者たる地位を承継する、すなわち、契約当事者が有すべき債権、債務、解除権、取消権等を全て一括して承継する。

契約上の地位の譲渡は、三当事者間の三面契約で行い得るだけでなく、原契約者の一方と地位の譲受人との二者間の契約ですることも可能であるが、売買契約上の買主の地位の譲渡には売主の承諾を要するとするのが判例（前掲・最判昭46・6・11）、登記実務である（登研691・208、民月62・2・205参照）（→ memo. ）。

(3) 申請情報・添付情報

Q21参照。

memo. 民法の一部を改正する法律（平成29年法律44号）が成立・公布され、一部の規定を除き、債権法の部分については2020年4月1日から施行される。改正民法539条の2において、「契約の当事者の一方が第三者との間で契約上の地位を譲渡する旨の合意をした場合において、その契約の相手方がその譲渡を承諾したときは、契約上の地位は、その第三者に移転する。」（他方当事者の承諾）という規定が新設された。

2 農地等の権利移動 27

> **Q21〔買主の地位の譲渡・申請情報等〕**
> 買主の地位の譲渡による農地の所有権移転登記の申請情報・添付情報を示せ

登 記 申 請 書

登記の目的　　所有権移転
原　　　因　　平成○年○月○日売買　❶
権　利　者　　○市○町○丁目○番地　［買主（買主の地位の譲受人）］
　　　　　　　　C
義　務　者　　○市○町○丁目○番地　［売主（所有権登記名義人）］
　　　　　　　　A
添 付 情 報　❷
　　　　　　登記原因証明情報　登記識別情報　印鑑証明書
　　　　　　住所証明情報　農地法許可書　代理権限証明情報
（以下省略）

❶　所有権が移転した日。この日は、農地法5条1項（又は3条1項）の許可書が当事者に送達された日、又は所有権移転について別段の定めがある場合には、その定めにより所有権が移転した日である。

❷①　登記原因証明情報（不登61）
　　後掲例参照。

②　登記義務者の登記識別情報（不登22本文）

③　登記義務者の印鑑証明書（不登令18）

④　登記権利者の住所証明情報（不登令別表30項添付情報欄ロ）

⑤　農地法5条1項（又は3条1項）の許可書（不登令7①五ハ）

⑥　代理権限証明情報（不登令7①二）
　　代理人によって登記を申請するときは、委任状を提供する。

＜登録免許税＞
　　課税価格の1,000分の20（登税別表1・1・（二）ハ）。

28　　2　農地等の権利移動

　　　　　　　　　　　　　　　　　ただし、平成25年4月1日から平成31年3月
　　　　　　　　　　　　　　　31日までの間に、土地の売買による所有権移
　　　　　　　　　　　　　　　転登記を受ける場合は、課税価格の1,000分
　　　　　　　　　　　　　　　の15（租特72①）。100円未満は切り捨て（税通
　　　　　　　　　　　　　　　119①）。

〔買主の地位の譲渡―登記原因証明情報例〕

売
買

登記原因証明情報

1　登記申請情報の要項
　(1)　登記の目的　　所有権移転
　(2)　登記の原因　　平成○年○月○日売買　　（注1）
　(3)　当　事　者　　権利者　○市○町○丁目○番地
　　　　　　　　　　　　　　　　C
　　　　　　　　　　　義務者　○市○町○丁目○番地
　　　　　　　　　　　　　　　　A
　　　　　　　　　　　買主の地位の譲渡人
　　　　　　　　　　　　　　　○市○町○丁目○番地
　　　　　　　　　　　　　　　　B
　(4)　不動産の表示　　（省略）
2　登記の原因となる事実又は法律行為
　(1)　Aは、Bに対し、平成○年○月○日（注2）、その所有する上記不動
　　　産（以下「本件不動産」という。）を売り渡す旨の契約を締結した。
　(2)　(1)の売買契約には、本件不動産の所有権は、農地法第5条第1項の
　　　許可があった後において、売買代金全額の支払が完了した時にAか
　　　らBに移転する旨の特約がある。
　(3)　地位の譲渡契約
　　　　Bは、Cとの間で、平成○年○月○日、(1)の売買契約における買
　　　主としての地位をCに売買により譲渡する旨を約し、Aは、これを承
　　　諾した。　（注3）
　(4)　農地法の許可
　　　　平成○年○月○日、A及びCは農地法第5条の許可を得、平成○年
　　　○月○日、当事者に許可書が到達した。

2 　農地等の権利移動　29

（5）　代金の支払

　　　平成○年○月○日、Ｃは、Ａに対し、(1)の売買代金全額を支払い、Ａはこれを受領した。　（注4）

（6）　よって、本件不動産の所有権は、平成○年○月○日、ＡからＣに移転した。　（注5）

平成○年○月○日　○法務局　御中

上記登記原因及びその日付のとおり相違ありません。

　　　　　　　　　　　　　権利者　○市○町○丁目○番地　（注6）

　　　　　　　　　　　　　　　　Ｃ　㊞

　　　　　　　　　　　　　義務者　○市○町○丁目○番地

　　　　　　　　　　　　　　　　Ａ　㊞

　　　　　　　　　　　　　買主の地位の譲渡人

　　　　　　　　　　　　　　　○市○町○丁目○番地

　　　　　　　　　　　　　　　　Ｂ　㊞

売買

（注1）（注4）（注5）　所有権移転の日を記載する。この日は、当事者に対し、農地法5条の許可書が送達された日以後で、2(2)の特約に基づき、売買代金全額の支払が完了した日である。

（注2）　Ａ・Ｂ間における本件不動産の売買契約成立の日である。

（注3）　Ｂ・Ｃ間における買主の地位の譲渡契約については、原売主Ａの承諾を要する。

（注6）　登記義務者（原売主）Ａの承諾を要する。買主の地位の譲渡人であるＢの記名押印は必要である（民月62・2・205）。登記権利者（「買主の地位の譲渡」における譲受人）Ｃの記名押印は、必ずしも必要ではない（民月62・2・205）。

（1）　第三者のためにする契約

　　　第三者のためにする契約とは、契約当事者Ａ・Ｂが、自己の名において結んだ契約によって、直接第三者（受益者）Ｃに権利を取

Q22〔第三者のためにする契約〕

　Ａ・Ｂ間で農地の売買契約を締結したが、この契約には第三者のためにする契約の特約

30 ② 農地等の権利移動

売買

が付されている。この場合においては、農地法所定の許可はどのようにすべきか

得させる契約をいう（民537①）。契約当事者のうち、受益者に対して給付をする人Ａを諾約者、諾約者の契約相手方Ｂを要約者という。

　第三者のためにする契約により第三者（受益者）Ｃが取得する権利は債権に限られず、第三者Ｃに直ちに物権を取得させる契約も有効であるとするのが判例・通説である（大判明41・9・22民録14・907、大判昭5・10・2民集9・930、我妻・債権各論（上）120頁）。

　契約当事者Ａ・Ｂ間の売買契約が第三者Ｃのためにする契約を特約としている場合には、売主Ａから第三者Ｃに、直接所有権を帰属させることができる（我妻・債権各論（上）118頁参照）。

［第三者のためにする契約事例図］

(2)　農地法許可申請の当事者

　Ａ・Ｂ間の農地売買契約が第三者Ｃのためにする契約を特約としている場合には、所有権の移転先として指定されたＣがＡに対して民法537条2項に基づく受益の意思表示をするとともに、ＢがＡに対して売買代金全額を支払ったときには（代金支払につ

② 農地等の権利移動　31

いて特約があれば、それに従う。)、第三者C
はAに対し、直接A→Cという農地所有権
移転のための農地法上の許可申請手続をな
すよう請求することができる。

memo.　民法の一部を改正する法律（平成29
年法律44号）が成立し、一部の規定を除き、債
権法の部分については2020年4月1日から施行さ
れる。改正民法537条、538条においては、契約
の効力発生時期等について、新たに条項が新設
されている。

前掲**Q22**の［第三者のためにする契約事例図］
を用いて解説する。

Q23〔第三者のためにする契約・申請情報等〕
第三者のためにする契約による農地の所有権移転登記の申請情報・添付情報を示せ

売買

　　　　　　　登　記　申　請　書

登記の目的　　所有権移転
原　　　因　　平成○年○月○日売買　❶
権　利　者　　○市○町○丁目○番地　❷
　　　　　　　C
義　務　者　　○市○町○丁目○番地　❸
　　　　　　　A
添 付 情 報　❹
　　　　　登記原因証明情報　登記識別情報　印鑑証明書
　　　　　住所証明情報　農地法許可書　代理権限証明情報
（以下省略）

---

❶　所有権が移転した日。この日は、農地法5条の許可書が当事者に送達され
た日、又は所有権移転について別段の定めがある場合には、その定めにより
所有権が移転した日である。

32 　2　農地等の権利移動

売買

❷　［第三者のためにする契約事例図］における第三者C。

❸　［第三者のためにする契約事例図］における所有権登記名義人A。

❹①　登記原因証明情報（不登61）

　　　後掲例参照。

　②　登記義務者の登記識別情報（不登22本文）

　③　登記義務者の印鑑証明書（不登令18）

　④　登記権利者の住所証明情報（不登令別表30項添付情報欄ロ）

　⑤　農地法所定の許可書（不登令7①五ハ）

　⑥　代理権限証明情報（不登令7①二）

　　　代理人によって登記を申請するときは、委任状を提供する。

　　　　　　　　　　＜登録免許税＞

　　　　課税価格の1,000分の20（登税別表1・1・（二）
ハ）。

　　　　ただし、平成25年4月1日から平成31年3月
31日までの間に、土地の売買による所有権移
転登記を受ける場合は、課税価格の1,000分
の15（租特72①）。100円未満は切り捨て（税通
119①）。

〔第三者のためにする契約－登記原因証明情報例〕

登記原因証明情報

1　登記申請情報の要項
　(1)　登記の目的　　所有権移転
　(2)　登記の原因　　平成○年○月○日売買　（注1）
　(3)　当　事　者　　権利者　○市○町○丁目○番地
　　　　　　　　　　　　　　　C
　　　　　　　　　　　義務者　○市○町○丁目○番地
　　　　　　　　　　　　　　　A
　　　　　　　　　　　2(1)の売買契約の買主
　　　　　　　　　　　　　　　○市○町○丁目○番地
　　　　　　　　　　　　　　　B

2 農地等の権利移動　33

(4)　不動産の表示　（省略）

2　登記の原因となる事実又は法律行為

(1)　Aは、Bとの間で、平成○年○月○日、その所有する上記不動産（以下「本件不動産」という。）を売り渡す旨の契約を締結した。

(2)　(1)の売買契約には、「Bは、売買代金全額の支払までに本件不動産の所有権の移転先となる者を指名するものとし、Aは、本件不動産の所有権をBの指定する者に対しBの指定及び売買代金全額の支払を条件として直接移転することとする。」旨の所有権の移転先及び移転時期に関する特約が付されている。　（注2）

(3)　所有権の移転先の指定

　　　平成○年○月○日、Bは、本件不動産の所有権の移転先としてCを指定した。　（注3）

(4)　受益の意思表示

　　　平成○年○月○日、Cは、Aに対し、本件不動産の所有権の移転を受ける旨の意思表示をした。　（注4）

(5)　農地法の許可

　　　平成○年○月○日、A及びCは農地法第5条の許可を得、平成○年○月○日、当事者に許可書が到達した。　（注5）

(6)　平成○年○月○日、Bは、Aに対し、(1)の売買代金全額を支払い、Aはこれを受領した。　（注6）

(7)　よって、本件不動産の所有権は、平成○年○月○日　（注7）、AからCに移転した。

平成○年○月○日　○法務局　御中

上記登記原因及びその日付のとおり相違ありません。

　　　　　　　　　　　　　　権利者　○市○町○丁目○番地　（注8）

　　　　　　　　　　　　　　　　　　C　㊞

　　　　　　　　　　　　　　義務者　○市○町○丁目○番地

　　　　　　　　　　　　　　　　　　A　㊞

　　　　　　　　　　　　　　2(1)の売買契約の買主

　　　　　　　　　　　　　　　　　　○市○町○丁目○番地

　　　　　　　　　　　　　　　　　　B　㊞

売買

34　2　農地等の権利移動

（注1）　所有権移転の日を記載する。この日は、Bが第三者としてCを指定した日以後、農地法5条の許可書がA・Cに送達された日以後で、2(2)の特約に基づき、売買代金全額の支払が完了した日である。

（注2）　(1)の売買契約には、「第三者のためにする契約」の特約があることを示している。所有権の移転先の指定につきその原因行為となるB・C間の契約の内容は、登記原因証明情報の内容とすることを要しないので、このB・C間の契約がどのようなものであるかは、登記の申請の場面においては直接には関係がなく、報告型の登記原因証明情報であれば、そこにB・C間の契約内容を具体的に示す必要はない（民月62・2・201）。

（注3）　Bが第三者としてCを指定した日。

（注4）　Aに対し、第三者Cが受益の意思表示をした日。

（注5）　農地法許可書が送達された日。

（注6）（注7）　特約に基づき売買代金全額が支払われた日。

（注8）　登記義務者Aの承諾を要する。Bの記名押印は必要である。登記権利者・第三者Cの記名押印は、必ずしも必要ではないが、A・B間の契約とB・C間の契約が別個の場合には、第三者Cに権利関係を十分認識させるために、Cの記名押印を求めるべきである（民月62・2・203）。

売買

Q24〔農地の転売〕

A→B→Cと農地の所有権を移転しようとする場合、CはAに対して、直接、AからCに所有権を移転する旨の農地法の許可申請を求めることができるか

［転売事例図］

売主A・買主Cとする農地法許可申請の可否？

（1） 農地の転売

　　農地の転売とは、農地所有者から転用目的で農地を買い受けた者が、農地法5条の許可を受ける前に、その有する条件付所有権を他に売り渡すことをいう。厳密には農地所有権を移転する行為ではなく、農地法5条の許可があれば農地所有権を取得し得る権利＝条件付所有権を移転する行為にほかならない（転用のための農地売買・賃貸借323頁）。

　　農地の買主が更にこれを他に転売した場合に転買人が売買契約の直接の当事者でない当初の売主に対して右許可の申請手続を請求することはできない（（2）の判例参照）。

（2） 判　例

　　「農地法5条所定の都道府県知事に対する許可申請の手続は、農地について権利の設定または移転の合意をした当事者双方の申請によってされなければならず、したがって、農地の買主がさらにこれを他に転売した場合に転買人が売買契約の直接の当事者でない当初の売主に対して右許可の申請手続を請求することができない（略）不動産が右のように転売された場合に、転買人は、当初の売主のほか自己に至るまでのすべての権利移転の当事者の同意を得ないかぎり、当初の売主に対し直接自己に所有権移転登記を請求することが許されない」としている（最判昭46・4・6判時630・60）。

memo. ＜中間省略登記の合意との比較＞
「売主と転買人との間に売買にもとづく所有権の移転につき県知事の許可がなされたとしても、売主と転買人との間に権利移転に関する合

売
買

36　②　農地等の権利移動

売買	意が成立していない以上、右県知事の許可があっても所有権移転の効力を生ずることはない。したがって、このような効力を生じえないことを目的とする県知事に対する許可申請手続をする旨の合意も、また、おのずから無効と解せざるをえない。このような合意を、売主と転買人との間にすでに所有権など権利移転の効力が生じているときの不動産登記手続におけるいわゆる中間省略の登記の合意と同視して、有効と解することはできない」（最判昭38・11・12判時361・45。中間省略登記を認めた判例として最判昭40・9・21判時425・30参照）。

Q25〔売主死亡後の許可〕
農地の売主が死亡し、その相続登記後に売主宛てに農地法の許可があった場合、買主と売主の相続人とで所有権移転登記の申請ができるか

農地の売主が死亡し、その相続人への相続による所有権移転登記がされた後に、被相続人（売主）宛ての農地法3条の許可があった場合には、この許可書を提供して相続人から買主への所有権移転登記を申請することができる（登研545・155）。

memo.＜参考先例＞
農地の売主死亡後に農地法3条の許可があった場合、当該農地の相続登記を省略して売買による所有権移転登記を申請することはできない（昭40・3・30民三309）。

2 農地等の権利移動 37

買戻し

(1) 許可書の要否

　農地について買戻特約付き売買がなされ、売主から買主への所有権移転の効果を生ずるためには、農地法所定の許可を要する（転用のための農地売買・賃貸借222頁）。したがって、買戻特約付きの所有権移転登記の申請には、農地法所定の許可書の提供を要する（買戻特約の付かない農地売買と同じように、農地法所定の許可書の提供が必要である。）。

(2) 許可書に買戻しの記載がない場合

　買戻特約のない農地の所有権移転についての許可書に基づく買戻特約付きの売買登記申請は、買戻権の行使による所有権移転の際に改めて農地法3条の規定による許可を得ることとなるから、受理して差し支えない（昭30・2・19民甲355）。

memo. 　買戻権の行使による農地の所有権移転が効力を生じるには知事［農地法3条事案であり、現在は農業委員会］の許可を要し、許可がない限り買主は農地を買戻権者［売主］に引き渡す義務はない（最判昭42・1・20判時476・31）。

Q26〔農地法所定の許可の要否〕

農地について買戻特約付きの所有権移転登記の申請をする場合、農地法所定の許可書の提供を要するか

(1) 農地法の許可

　売主Ａが買戻権の行使をするためには、新たな売買による権利移動が行われることになるので、農地法所定の許可を得なければならない（最判昭30・9・27民集9・10・1422、最判昭42・1・20判時476・31）。この許可書は、買主Ｂから売主Ａへの所有権移転登記の申請情報と併せて提供しなければならない（不登令7①五ハ）。

Q27〔買戻権の行使〕

ＡからＢに買戻特約付き農地売買により所有権移転登記がされているが、Ａが買戻権の行使をするためには農地法所定の許可を要するか

買戻し

(2)　所有権抹消登記によることの可否

　　買戻しの特約によって売買契約を解除したときは、前所有者名義に所有権移転の登記をする（明44・9・27民刑810、大1・9・30民事444）。

`memo.` ＜転売されている場合の買戻権行使の相手方＞

「買戻約款付売買契約により不動産を買受けた者が約款所定の買戻期間中に更にその不動産を第三者に売渡し且つ右売買に因る所有権移転に付更に登記を経由した場合は、その不動産の売主が買戻権を行使するには、右転得者に対してこれを為すべき」（最判昭36・5・30民集15・5・1459）。

Q28〔買戻期間経過後の許可〕
農地について買戻権行使の意思表示を買戻期間内にしたが、買戻期間経過後に農地法の許可があったときは、買戻しによる所有権移転登記はすることができないか

農地の買戻しにつき、その意思表示は買戻期間内にされたが、買戻しによる所有権移転についての農地法3条の許可が買戻期間経過後にされた場合、所有権移転の登記は受理される。この場合の登記原因の日付は、農地法3条の許可書が到達した日である（昭42・2・8民甲293）。

`memo.` ＜買戻しの期間＞

買戻しの期間は、10年を超えることができない。特約でこれより長い期間を定めたときは、その期間は、10年とする（民580①）。

2 農地等の権利移動　39

(1)　農地法の許可不要

　　相続、合併、会社分割のいずれの場合も、農地法3条の許可を要しない（逐条解説農地法65頁）。農地法3条で規制される権利移動は、農地又は採草放牧地について所有権を移転し、又は地上権、永小作権、質権、使用貸借による権利、賃借権若しくはその他の使用及び収益を目的とする権利を設定し、若しくは移転することを目的とする契約その他の行為である。

(2)　相　続

　　相続によって相続人が被相続人の権利を承継するのは、被相続人の死亡という事実に基づいて生ずる法律上当然の効果であり（民896）、被相続人と相続人との間で権利移動の行為があるわけではないから、農地法所定の許可の対象とならない。

(3)　合　併

　　合併があった場合には、被合併会社が有する権利義務は、存続法人又は新設法人に包括的に承継されるものであり（会社750①・752①・754①・756①）、個々の不動産について権利移動を目的とする行為がされるわけではないから、農地法所定の許可の対象とならない。

(4)　会社分割

　　会社分割には、吸収分割契約又は新設分割計画という私的自治に基づく契約又は決定により、会社分割をする分割会社の権利義務が法定された日に法律上当然に承継会社又は設立会社に承継されるという一般承

Q29〔相続・合併・会社分割による権利移動〕
相続、合併又は会社分割による農地等の権利移動については、農地法3条の許可を要するか

相続・合併・会社分割

40　2　農地等の権利移動

相続・合併・会社分割

継の法的効果が付与されているから（会社759①・761①・764①・766①、会社法コンメンタール17・237頁〔神作裕之〕参照）、農地法所定の許可の対象とならない（登研648・197）。

memo.　相続、合併、会社分割で農地又は採草放牧地の所有権を取得した者は、遅滞なく、農林水産省令（農地規21）で定めるところにより、その農地又は採草放牧地の存する市町村の農業委員会にその旨を届け出なければならない（農地3の3、逐条解説農地法117頁）。「遅滞なく」とは、農地等についての権利を取得したことを知った時点からおおむね10か月以内の期間とされている（農地3の3、処理基準別紙1第5）。

Q30〔遺産分割〕
農地等を遺産分割によって共同相続人中の1人に相続させる場合、農地法所定の許可を要するか

(1)　農地法の許可不要

遺産分割による権利の取得には、後掲(2)(3)いずれの場合であっても農地法3条の許可を要しない（農地3①十二、登研407・84）。

遺産分割は相続による財産の包括承継という制度の一環として、承継する財産の帰属先を具体的に確定するための手続にほかならない。各共同相続人が分割によって取得した遺産は、各共同相続人が相続によって被相続人から直接に承継取得したものであって、他の共同財産人から権利義務の移転を受けたものではなく、分割の効果は相続開始の時に遡る。ただし、第三者の権利を害することはできない（民909）。

(2)　共同相続登記前に遺産分割がされた場合

共同相続人が法定相続分の割合による共同相続登記をする前に遺産分割協議が成立

2 農地等の権利移動　41

した場合には、共同相続登記をすることなく、遺産分割協議により不動産を取得した者の名義で相続登記をすることができる（明44・10・30民刑904、昭19・10・19民甲692）。この場合の登記原因は「相続」であり、その登記原因日付は相続開始の日である（相続・遺贈の登記231頁（注11）・400頁）。

　　申請情報及び添付情報は**Q31**(1)参照。

(3)　共同相続登記後に遺産分割がされた場合

　　共同相続人が法定相続分の割合による共同相続登記をした後に遺産分割協議が成立した場合には、共同申請（持分取得者を登記権利者、持分喪失者を登記義務者）により、持分移転登記をする（昭28・8・10民甲1392、登記記録例231）。この場合の登記原因は「遺産分割」であり、その登記原因日付は遺産分割協議が成立した日である（相続・遺贈の登記400頁）。

memo.　遺産分割で農地又は採草放牧地の所有権を取得した者は、権利取得の届出義務がある（農地3の3、処理基準別紙1第5）。(→**Q7** **memo.**)。

相続・合併・会社分割

Q31〔遺産分割による移転登記の申請情報・添付情報〕

法定相続分による共同相続登記前に遺産分割があった場合、又は共同相続登記後に遺産分割があった場合の申請情報・添付情報を示せ

42 　② 農地等の権利移動

相続・合併・会社分割

(1)　共同相続登記前に遺産分割がされた場合の申請情報・添付情報

登 記 申 請 書

登記の目的　　所有権移転
原　　　因　　平成○年○月○日相続　❶
相　続　人　　（被相続人　甲）
　　　　　　　　○市○町○丁目○番地　❷
　　　　　　　　　A
添 付 情 報　❸
　　　　　登記原因証明情報　住所証明情報　代理権限証明情報
（以下省略）

---

❶　所有権登記名義人甲の相続開始の日を記載し、「相続」とする。

❷　遺産分割協議の成立により本件不動産の所有権を取得した者。

❸①　登記原因証明情報（不登61）

　　　被相続人甲の除籍謄本、相続人全員の戸籍謄（抄）本（不登令別表22項添付情報欄）、遺産分割協議書（申請人A以外の相続人の印鑑証明書を添付する（昭30・4・23民甲742）。）。

　②　申請人A（遺産分割協議により本件不動産の所有権を取得した者）の住所証明情報（不登令別表30項添付情報欄ロ）。

　③　代理人によって登記を申請するときは、委任状（不登令7①二）。

＜登録免許税＞

　　課税価格の1,000分の4（登税別表1・1・（二）イ）。100円未満は切り捨て（税通119①）。

memo.　被相続人の登記記録上の住所が戸籍の謄本に記載された本籍と異なる場合には、被相続人の同一性を証する情報として、住民票の写し（本籍及び登記記録上の住所の記載のあるものに限る。）、戸籍の附票の写し、登記済証のいずれかの提供があれば、不在籍証明書及び不在住証明書など他の添付情報の提供をすることなく、相続による所有権の移転の登記をする

ことができる（平29・3・23民二175、民月72・4・133参照）。

(2) 共同相続登記後に遺産分割がされた場合の申請情報・添付情報

登 記 申 請 書

登記の目的　　B持分全部移転　❶
原　　　因　　平成○年○月○日遺産分割　❷
権　利　者　　○市○町○丁目○番地　❸
　　　　　　　　持分2分の1　A
義　務　者　　○市○町○丁目○番地　❹
　　　　　　　　B
添 付 情 報　❺
　　　　登記原因証明情報　登記識別情報　印鑑証明書
　　　　住所証明情報　代理権限証明情報
（以下省略）

---

❶　法定相続人A、Bが法定相続分各2分の1とする共同相続登記をした後に遺産分割によりAの単独所有とする場合は、B持分全部移転の登記を申請する。登記権利者を持分取得者A、登記義務者を持分喪失者Bとする共同申請による（昭28・8・10民甲1392、登記記録例231）。

❷　登記原因は「遺産分割」、その登記原因日付は遺産分割協議が成立した日である。

❸　持分取得者。

❹　持分喪失者。

❺① 登記原因証明情報（不登61）
　　遺産分割協議書（申請人を除き遺産分割協議書に押印した者の印鑑証明書を提供する（昭30・4・23民甲742）。）。相続証明情報は提供不要。

② 登記義務者の登記識別情報（不登22）

③ 登記義務者の印鑑証明書（不登令16・18）

④ 登記権利者の住所証明情報（不登令別表30項添付情報欄ロ）

⑤ 代理人によって登記を申請するときは、委任状（不登令7①二）

2 農地等の権利移動

相続・合併・会社分割

<登録免許税>

　相続を原因とする所有権移転の登記の税率に準じて、課税価格の1,000分の4（登税別表1・1・(二)イ（平12・3・31民三828参照。この先例発出時の相続を原因とする所有権移転登記の登録免許税率は1,000分の6））。

Q32〔共有状態の解消〕
法定相続分による共同相続登記をした後に共有状態を解消するため共有物分割又は持分放棄をする場合、農地法所定の許可を要するか

農地の共有物分割による持分移転の登記の申請情報には、都道府県知事［本件先例発出当時の許可権限庁］の許可書の提供を要する（昭41・11・1民甲2979）。

農地の共有者の持分放棄による移転登記申請については、農地調整法4条の許可書を要しない（昭23・10・4民甲3018）（農地調整法は昭和27年10月21日廃止、同日農地法施行）。

Q33〔遺留分減殺〕
遺留分減殺により農地の所有権（持分）移転登記を申請するには、農地法所定の許可書の提供を要するか

(1)　遺留分の減殺による所有権（持分）移転登記については農地法3条の規定の適用がなく、許可書の提供を要しない（登研233・72、登先359・49）。

(2)　遺留分減殺請求権者というのは相続人の1人であって、その者が減殺請求権を行使して取得するというのは、相続による取得といって差し支えない。相続人以外の第三者に対してなされた遺贈又は贈与が減殺された場合であっても、同じである（登先359・49）。

memo.　遺留分権利者が遺留分減殺請求権の行使によって被相続人のした贈与等の効力を失わせるのは、本来、移転すべからざるものが移転していたのを元に復することであるから農地法の許可対象とならない（逐条農地法51頁）。

② 農地等の権利移動　45

(1)　共同相続登記前の共同相続人間の相続分譲渡

　　共同相続登記をしない状態で、共同相続人間において相続分の譲渡をして持分全部移転登記をする場合には、農地法3条の許可書は不要である（登研494・122、同650・154）。

(2)　共同相続登記後の相続人間の相続分譲渡

　　共同相続登記をした後に、共同相続人間において、「相続分の贈与」を登記原因として持分全部移転登記をする場合には、農地法3条の許可書は不要である（最判平13・7・10判時1762・110）。

memo.　共同相続登記の前後を問わず、共同相続人間で相続分の譲渡がされるということは（相続分の譲渡は遺産分割が終了する前までに限る。）、持分全部移転登記の登記原因は「相続」の範疇に入る（昭59・10・15民三5195参照）。

Q34〔相続分の相続人への譲渡〕
農地を含む相続財産全体について、共同相続人の1人から他の共同相続人に相続分の譲渡をするためには、農地法所定の許可書を要するか

---

(1)　共同相続登記前の共同相続人以外の者への相続分譲渡

　　共同相続登記をしない状態で、共同相続人の一部の者から共同相続人以外の者に対して相続分の譲渡をし、その持分全部移転登記をするには農地法3条の許可書を要する（登研650・155）。

　　なお、相続人の一部の者から相続分の譲渡を受けた共同相続人以外の者は遺産分割協議に加わることができるが（東京高決昭28・9・4判時14・16）、この遺産分割協議に基づく持分移転登記については、農地法所定の許可を要しない（農地3①十二、登研650・155）。

Q35〔相続分の相続人以外の者への譲渡〕
農地を含む相続財産全体について、共同相続人の1人から共同相続人以外の者に相続分の譲渡をするためには、農地法所定の許可書を要するか

相続・合併・会社分割

（2） 共同相続登記後の共同相続人以外の者への相続分譲渡

共同相続登記をした後に、共同相続登記名義人である共同相続人の1人から共同相続人以外の者へ相続分の譲渡をし、相続分の譲渡（売買・贈与）を登記原因として持分全部移転登記をするためには、農地法所定の許可書を要する（登研650・192、同650・195）。

memo. 相続人以外の者に相続分の譲渡をする持分全部移転登記の登記原因は「相続」ではなく、「相続分の売買」又は「相続分の贈与」等である（登研506・148）から、相続人以外の者に相続分の譲渡をするためには、農地法所定の許可を要すると解されている（登研650・155）。

(1) 農地法の許可不要

包括遺贈又は相続人に対する特定遺贈による所有権移転については農地法3条1項の許可は要しない（農地3①十六、農地規15五）。遺贈を登記原因とする所有権移転登記の申請に際し、農業委員会の許可を受けたことを証する情報の提供を要しない（平24・12・14民二3486）。包括遺贈、特定遺贈のいずれも登記原因は「遺贈」である。

Q36〔遺　贈〕
遺贈による所有権移転登記の申請には、農地法所定の許可書の提供を要するか

遺　贈

[遺贈と農地法許可の要否]

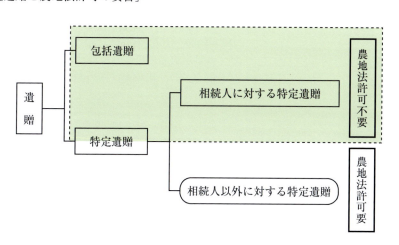

(2) 登記原因日付

農地について特定遺贈がなされた場合における所有権移転の登記原因日付は、農地法3条の知事の許可のあった日とされていたが（登研364・79）、平成24年12月14日施行の農地法施行規則の改正省令により、「相続人に対する特定遺贈」については許可除外事由とされたので（農地3①十六、農地規15五）、民法985条の規定（→ memo.1 ）により特定遺贈の効力が生じた日となる（平24・12・14民二3486）。

「相続人以外の者に対する特定遺贈」につ

| | 48 | 2 | 農地等の権利移動 |

遺贈		いては、農地法3条の知事［現在では農業委員会］の許可のあった日である（登研364・79参照）（→ memo.2 ）。 memo.1 ＜民法985条～遺言の効力の発生時期＞ ① 遺言は、遺言者の死亡の時からその効力を生ずる。 ② 遺言に停止条件を付した場合において、その条件が遺言者の死亡後に成就したときは、遺言は、条件が成就した時からその効力を生ずる。 memo.2 特定遺贈については、「相続人に対する特定遺贈」に限り農地法の許可除外事由とされており、相続人以外の者に対する特定遺贈は農地法所定の許可を要する（農地3①十六、農地規15五参照）。
	Q37〔遺贈・農地法許可申請者〕 農地の遺贈許可申請の申請者は誰か	遺贈その他の単独行為によって農地の権利が設定され又は移転される場合における農地法所定の許可申請は、遺贈等の単独行為をする者が申請者となる。例えば、遺贈の場合には、遺言者又はその相続人若しくは遺言執行者が申請者となる（農地3①、農地規10①ただし書、事務処理要領別紙1第1・1(2)イ）。 特定遺贈（筆者注：相続人以外の者への特定遺贈）による許可申請は、遺贈者の死後、遺言執行者又は相続人が行うよう指導するのが望ましい。遺贈は遺贈者の単独行為であるので、受贈者による許可申請は却下すべきとされている（昭42・2・20 41-284農林省農地局農地課長回答、事務処理要領別紙1第1・1(2)同第4・1(3)参照）。包括遺贈及び相続人に対する特定遺贈は農地法施行規則15条5号により許可除外事由となっており、農地法所定の許可は不要である。

2　農地等の権利移動　49

**Q38〔遺贈の登記－遺言執行者
　が選任されている場合〕**
農地の遺贈について遺言執行
者が選任されている場合の所
有権移転登記の申請情報・添
付情報を示せ

遺

贈

登　記　申　請　書　❶

登記の目的　　　所有権移転
原　　　因　　　平成○年○月○日遺贈　❷
権　利　者　　　○市○町○丁目○番地　❸
　　　　　　　　　　B
義　務　者　　　○市○町○丁目○番地　❹
　　　　　　　　　　亡A

添 付 情 報　❺
　　　　　　登記原因証明情報　登記識別情報　印鑑証明書
　　　　　　住所証明情報　　（農地法許可書）　代理権限証明情報
（以下省略）

❶　遺言又は家庭裁判所の審判により遺言執行者が選任されている場合の書式
　例である。
❷①　登記原因は、包括遺贈、特定遺贈のいずれであっても「遺贈」である。
　②　包括遺贈又は「相続人に対する特定遺贈」による所有権移転登記の登記
　　原因日付は、民法985条の規定（→Q36 memo.1 ）により遺贈の効力が生
　　じた日である（相続人に対する特定遺贈について、平24・12・14民二3486参照）。
　　　「相続人以外の者に対する特定遺贈」の場合は、農地法3条の知事［現在
　　では農業委員会］の許可のあった日である（登研364・79参照）
❸　受贈者。受贈者と遺言執行者との共同申請による（昭44・10・16民甲2204）。
❹①　遺贈者。遺贈者亡Aの次行に「上記遺言執行者住所・氏名」の記載をし
　　ない。遺言執行者が司法書士に登記の申請を委任した場合には、遺言執行

者は中間の代理人となるため、申請情報には中間の代理人の表示をすることを要しない（昭39・11・30民三935）。

② 遺贈者に住所変更がある場合（→ **memo.2** ）。

❺① 登記原因証明情報（不登61）

　㋐ 遺贈の内容を報告する形式の登記原因証明情報のみでは、登記原因証明情報とは認められない。遺言書（家庭裁判所の検認を受けたもの。公正証書遺言は検認不要。）及び遺言者の死亡を証する情報（（除）戸籍謄本）が登記原因証明情報となる。

　㋑ 家庭裁判所が選任した遺言執行者が申請人となる場合は、審判書。審判書のみにては遺言の内容が明らかでない場合は遺言書も提供する。遺言者（登記義務者）の死亡事項は審判書に記載されるから、（除）戸籍謄本の提供は不要（昭44・10・16民甲2204）。

② 登記義務者の登記識別情報（不登22本文）

③ 遺言執行者の印鑑証明書（不登令18②、昭30・8・16民甲1734）

　　判例は、遺言執行者は、遺贈不動産について所有権移転登記をなすべき立場（登記義務者）にあるとしている（大判明36・2・25民録9・190）。

④ 登記権利者の住所証明情報（不登令別表30項添付情報欄ロ）

⑤ 農地法許可書

　　「相続人以外の者に対する特定遺贈」の場合に提供する。包括遺贈及び「相続人に対する特定遺贈」は農地法の許可除外事由であり（農地3①十六、農地規15五）、農地法許可は不要。

⑥ 代理権限証明情報（不登令7①二）

　㋐ 代理人によって登記を申請するときは委任状。

　㋑ 遺言執行者の資格を証する情報として次の情報。

	遺言執行者の選任形態	資格を証する情報
ⓐ	ⓑⓒ以外の遺言執行者	遺言書、遺言者（登記義務者）の死亡事項の記載がある（除）戸籍謄本（昭59・1・10民三150）。　（注1）
ⓑ	家庭裁判所が選任した遺言執行者	審判書、審判書のみにては遺言の内容が明らかでない場合は遺言書も提供（昭44・10・16民甲2204）。　（注2）（注3）

ⓒ	遺言に基づく第三者の指定による遺言執行者	遺言書、遺言者（登記義務者）の死亡事項の記載がある（除）戸籍謄本、第三者の指定があったことを証する情報。　（注4）

（注1）（注4）　家庭裁判所が選任した遺言執行者が申請人となる場合を除き、遺言執行者の代理権限を証する書面としての遺言者の死亡を証する書面の添付を要する（昭59・1・10民三150）。

（注2）　遺言者の死亡の記載のある（除）戸籍謄本は審判の申立時に家庭裁判所に提出されているので、遺贈の登記をするに際しては提供することを要しない（昭44・10・16民甲2204参照）。

（注3）　家庭裁判所から遺言執行者として選任された当時、既に検認済遺言書を関係者が紛失してしまった等で行方不明の場合には、家庭裁判所の遺言検認調書の謄本を遺言執行者の資格を証する情報として取り扱うことができる（平7・6・1民三3102）。

＜登録免許税＞

次の区分による。

	受贈者の区分	税　率	根　拠
①	受遺者が相続人であるときは、相続による所有権移転登記と同一の税率	1,000分の4	登録免許税法別表1・1（二）イ。1,000分の4の適用を受けるには、受遺者が相続人であることを証する情報（戸籍謄抄本等）を提供する（平15・4・1民二1022）。
②	上欄①以外の者に対する遺贈	1,000分の20	登録免許税法別表1・1（二）ハ

memo.1　＜民法985条～遺言の効力の発生時期＞

① 遺言は、遺言者の死亡の時からその効力を

52 2 農地等の権利移動

遺贈

生ずる。

② 遺言に停止条件を付した場合において、その条件が遺言者の死亡後に成就したときは、遺言は、条件が成就した時からその効力を生ずる。

memo.2 遺贈者（登記義務者）の死亡時の住所が登記記録上の住所と異なるときは、所有権登記名義人住所変更登記を要する（昭43・5・7民甲1260、登研401・160、同635・67）。

この住所変更登記の申請は、遺言執行者、遺贈者の相続人（全員又は1人）のいずれでもよく、また、受遺者も債権者代位により申請することができる（登研145・44）。

Q39〔遺贈の登記―遺言執行者が選任されていない場合〕
農地の遺贈について遺言執行者が選任されていない場合の所有権移転登記の申請情報・添付情報を示せ

登 記 申 請 書 ❶

登記の目的　　所有権移転
原　　　因　　平成○年○月○日遺贈　❷
権 利 者　　○市○町○丁目○番地　❸
　　　　　　　B
義 務 者　　○市○町○丁目○番地　❹
　　　　　　　亡A相続人　甲
　　　　　　○市○町○丁目○番地
　　　　　　　亡A相続人　乙

2 農地等の権利移動 　53

```
添付情報  ❺
        登記原因証明情報　登記識別情報　印鑑証明書
        住所証明情報　相続証明情報　農地法許可書
        代理権限証明情報
 （以下省略）
```

❶　遺言執行者が選任されていない場合の書式例である。

❷①　登記原因は、包括遺贈、特定遺贈のいずれであっても「遺贈」である。

　②　包括遺贈又は「相続人に対する特定遺贈」による所有権移転登記の登記原因日付は、民法985条の規定（→**Q38** memo.1 ）により遺贈の効力が生じた日である（相続人に対する特定遺贈について、平24・12・14民二3486参照）。

　　「相続人以外の者に対する特定遺贈」の場合は、農地法3条の知事［現在では農業委員会］の許可のあった日である（登研364・79参照）。

❸　受贈者。受贈者と遺贈者（登記義務者A）の相続人全員との共同申請による。

❹　遺贈者（登記義務者A）の相続人全員（→ memo. ）。

❺①　登記原因証明情報（不登61）

　　遺贈の内容を報告する形式の登記原因証明情報のみでは、登記原因証明情報とは認められない。遺言書（家庭裁判所の検認を受けたもの。公正証書遺言は検認不要。）及び遺言者の死亡を証する情報（（除）戸籍謄本）が登記原因証明情報となる。

　②　登記義務者Aの登記識別情報（不登22本文）

　③　登記義務者Aの相続人全員の印鑑証明書（不登令18②）

　④　登記権利者の住所証明情報（不登令別表30項添付情報欄ロ）

　⑤　相続証明情報（不登令7①五イ）

　　登記義務者A（遺言者）の相続人全員の（除）戸籍謄本。

　⑥　農地法許可書

　　「相続人以外の者に対する特定遺贈」の場合に提供する。包括遺贈及び「相続人に対する特定遺贈」は農地法の許可除外事由であり（農地3①十六、農地規15五）、農地法許可は不要。

　⑦　代理権限証明情報（不登令7①二）

　　代理人によって登記を申請するときは、受贈者と登記義務者Aの相続人全員の委任状。

遺　贈

54　② 農地等の権利移動

<登録免許税>

　Q38の<登録免許税>参照。

memo.　AがBに不動産を売り渡しその登記をなさずに死亡した場合は、Aの相続人全員が登記義務者となり、Bと共に移転登記をなすべきである（昭27・8・23民甲74）。

遺贈

Q40〔遺贈の仮登記〕
　遺贈の仮登記は、登記することができるか

(1)　1号仮登記

　遺言者の死亡により遺言の効力が発生し（民985①）、登記義務者（遺言者）の登記識別情報（不登22本文）又は既に農地法所定の許可を受けているが、その許可書を提供（不登令7①五ハ）できないときは、不動産登記法105条1号の仮登記をすることができる（不登105一、不登規178）。

(2)　2号仮登記

　遺言者の生存中に、遺贈を原因とする所有権移転請求権の仮登記はすることができない（登研352・104、参照判例→ memo. ）。

　遺贈は遺言者による単独行為であって、遺言者の死亡によって効力を生ずる。そのため、遺言者の死亡前は、遺言者と受遺者との間においては、未だ目的物の所有権の移転に係る具体的な法律関係は発生していないことから、受遺者が始期付所有権若しくは遺言者に対する所有権移転請求権等を取得することはあり得ず、したがって、遺言者の生前に、受遺者が、目的不動産について遺贈を登記原因とする所有権移転の仮登記をすることはできない（不動産登記実務の視点Ⅵ135頁）。

memo.　<最判昭31・10・4判時89・14>
「遺贈は死因行為であり遺言者の死亡によりは

じめてその効果を発生するものであって、その生前においては何等法律関係を発生せしめることはない。（略）遺言者は何時にても既になした遺言を任意取消し得るのである。従って一旦遺贈がなされたとしても、遺言者の生存中は受遺者においては何等の権利をも取得しない。すなわちこの場合受遺者は将来遺贈の目的物たる権利を取得することの期待権すら持ってはいないのである。」

遺贈

2 農地等の権利移動

贈与・死因贈与（贈与）

Q41〔書面によらない贈与の取消し〕

書面によらない農地の贈与は、取り消すことができるか

(1) 贈与の履行・撤回

　書面によらない贈与は、各当事者が撤回することができる。ただし、履行の終わった部分については、撤回することはできない（民550）。ここにいう撤回は、行為能力の制限、詐欺・強迫等の法定原因に基づく取消しではなく、自由意思に基づき法律行為の効力を失わせる行為である（川井・民法概論4・113頁）（→ **memo.** 参照）。

　判例・学説は、目的物の引渡し又は登記（所有権移転登記、所有権保存登記）のいずれも民法550条にいう履行に当たると考えており、その一方があれば、履行が終わったものと解している（新版注釈民法(14)51頁〔柚木馨・松川正毅〕）。

　農地法3条1項による都道府県知事［現在は農業委員会］の許可を停止条件とする書面によらない農地の贈与契約にあっては、停止条件の成就（農地法所定の許可書の到達）前であれば、農地の引渡しがあった後であっても、贈与契約を取り消すことができる（最判昭41・10・7判時466・23）。

(2) 農地法所定の許可書と民法550条本文の贈与書面

　判例は、農地法許可申請書の許可権限庁に対する農地の所有権移転許可申請書に、譲渡人、譲受人と表示して各記名捺印がなされ、「権利を移転しようとする事由の詳細」の項に本件農地を贈与することにした旨、「権利を移転しようとする契約の内容」の項に無償贈与とする旨の各記載がある以上、当該申請書は民法550条の書面に当たるとしている（最判昭37・4・26民集16・4・1002）。

2　農地等の権利移動　57

memo.　改正民法550条は、民法550条が「撤回することができる」としているのを、「解除をすることができる」としている。

農地法3条許可後の贈与者の死亡は、当該許可に影響を及ぼさない。当該許可書を提供して受贈者と贈与者の相続人全員から、贈与を登記原因とする所有権移転登記の申請をすることができる（登研70・46）。

memo.　＜登記義務者の死亡＞
売買の事案であるが、売主が買主に不動産を売り渡しその登記をなさずに死亡した場合は、売主の相続人全員が登記義務者となり、買主と共に所有権移転登記をなすべきである、とする先例がある（昭27・8・23民甲74）。

Q42〔贈与者の死亡と許可書の効力〕
農地法3条による許可後に贈与者が死亡した場合、所有権移転登記はどのようにすべきか

贈与・死因贈与（贈与）

贈
与
・
死
因
贈
与
（
死
因
贈
与
）

Q43〔死因贈与とは〕
死因贈与とは、どのようなことか

贈与者の死亡によって効力を生ずる一種の停止条件付贈与をいう（民554）。遺贈が単独行為であるのに対し、死因贈与は贈与契約である。

死因贈与は、死後の財産処分に関し、かつ、贈与者の死亡を効力発生要件とする点で遺贈と共通するところがあるので、死因贈与の効果については遺贈の効力に関する民法の規定〔991条～1003条・1031条～1042条〕が準用される（民554）。しかし、死因贈与は契約であるから、能力や意思表示の瑕疵については、一般の法律行為の有効要件に従い、方式についても遺言のような厳格な方式を必要としないと解されている（法律学小辞典511頁）。

memo.　＜停止条件＞

条件の一種で、法律行為の効果の発生が将来発生するかどうか不確実な事実にかかっている場合をいう。「入学すれば時計をやる」という場合の「入学すれば」という附款、あるいは「入学」という事実が停止条件である（法律学小辞典945頁）。

Q44〔死因贈与と農地法許可の要否〕
農地の死因贈与による所有権移転登記の申請には、農地法所定の許可書の提供を要するか

(1)　農地法所定の許可書

　　裁判所の検認を受けた遺言書による贈与（死因贈与）を登記原因として、農地の所有権移転登記を申請する場合には、申請情報と併せて農地法所定の許可書の提供を要する（昭21・9・3民甲569）。

　　なお、前掲先例は「裁判所の検認を受けた遺言書」と述べているが、死因贈与には遺言の方式に従う旨の準用はないというのが判例・学説である（最判昭32・5・21民集11・5・732、新版注釈民法(14)71頁〔柚木馨・松川正毅〕）。

（2） 包括的な死因贈与

　　農地の包括遺贈による所有権移転については、農地法3条1項の許可は要しないとされているが（農地3①十六、農地規15五）、死因贈与については、包括贈与であっても農地法所定の許可書の提供を要する（登研427・104参照）。

（3） 許可申請者

　　死因贈与は贈与者と受贈者の契約行為であり、単独申請はできない。贈与者の死後、相続人と受贈者とが行うように指導することが望ましい（昭42・2・20　41-284農林省農地局農地課長回答、事務処理要領別紙1第1・1(2)、同第4・1(3)参照）。

memo.　前掲昭21・9・3民甲569は、遺言書による贈与の所有権移転登記申請書には農地調整法5条の地方長官の認可書の添付を要するとしているが、農地調整法は農地法施行法1条の規定により昭和27年10月21日に廃止された（農地法施行法附則）。農地法は同日施行されたが、死因贈与は農地法の権利移動の許可除外事由とされていない（農地3①ただし書参照）。

贈与者の死亡によって効力を生ずる贈与（死因贈与）については、その性質に反しない限り、遺贈に関する規定が準用される（民554）。死因贈与契約においては、その執行者の指定をすることができ、執行者は死因贈与契約の目的不動産について所有権移転登記の申請をすることができる（昭41・6・14民一277）。

Q45〔死因贈与契約の執行者〕
死因贈与契約において、当該死因贈与契約を執行する執行者を置くことができるか

（1） 死因贈与契約書が公正証書の場合

　　執行者の指定のある死因贈与契約書が公正証書であるときは、当該公正証書で足り

Q46〔死因贈与と執行者の代理権限証明情報〕
死因贈与による所有権移転登

記を執行者が申請する場合、執行者の代理権限を証する情報としては、何が該当するか	る。贈与者の相続人全員の印鑑証明書は、不要である（登研566・131）。 (2) 死因贈与契約書が私署証書の場合 　　死因贈与契約書に押印した贈与者の印鑑証明書、又は、贈与者の相続人全員の承諾書（印鑑証明書付き）のいずれかを提供する。この印鑑証明書については、有効期限の定めはない（登研566・131、Q＆A権利に関する登記の実務Ⅳ115頁、不登令16③・17①）。他の情報として**Q48**参照。 `memo.`　贈与者の死亡によって効力を生ずる贈与（死因贈与）については、その性質に反しない限り、遺贈に関する規定が準用される（民554）。死因贈与契約においては、その執行者の指定をすることができ、執行者は死因贈与契約の目的不動産について所有権移転登記の申請をすることができる（昭41・6・14民一277）。
Q47〔死因贈与の仮登記の本登記と執行者の代理権限証明情報〕 死因贈与による始期付所有権移転の仮登記の本登記を執行者が申請する場合、執行者の代理権限を証する情報としては、何が該当するか	私署証書による死因贈与契約書に押印した贈与者の印鑑証明書、又は、贈与者の相続人全員の承諾書（印鑑証明書付き）のいずれかを提供する。この印鑑証明書については、有効期限の定めはない（登研566・132、不登令16③・17①）。
Q48〔執行者の指定がない死因贈与の申請情報等〕 執行者の指定がない農地の死因贈与契約に基づき、所有権	

2 農地等の権利移動　61

> 移転登記を申請する場合の申請情報・添付情報を示せ

登　記　申　請　書　❶

登記の目的　　所有権移転　❷
原　　　因　　平成〇年〇月〇日贈与　❸
権　利　者　　〇市〇町〇丁目〇番地　❹
　　　　　　　　　B
義　務　者　　〇市〇町〇丁目〇番地　❺
　　　　　　　亡A相続人　　C
添　付　情　報　❻
　　　　　　登記原因証明情報　登記識別情報　印鑑証明書
　　　　　　相続証明情報　住所証明情報　農地法許可書
　　　　　　代理権限証明情報
（以下省略）

---

❶　本例は、執行者の指定がない農地の死因贈与の例である。始期付所有権移転仮登記に基づく本登記については、**Q51**参照。

❷　農地について、贈与者の死後において、死因贈与を登記原因として所有権移転登記を申請する例である。

❸　原則として、死因贈与は贈与者の死亡によって効力を生ずるが（民554）、本件は農地であり、所有権を移転するためには農地法所定の許可を要する（**Q44**、登研361・82、同427・104参照）。

　登記原因日付は、農地法所定の許可書が当事者に到達した日である。先例は売買の事案につき、農地の所有権移転の効力は、売買契約後に許可があった場合には、許可書が当事者に到達した日に生じるとしている（昭35・10・6民甲2498）。

❹　受贈者。

❺　本例は、死因贈与契約において執行者の指定がない場合の例である。贈与者亡Aの相続人全員がAの登記義務を承継するので、相続人全員を記載する（→ **memo.1** ）。

贈与・死因贈与（死因贈与）

62 2 農地等の権利移動

❻① 登記原因証明情報（不登61）

　　死因贈与契約書又は差入れ形式の登記原因証明情報、及び贈与者の死亡の事実を証する（除）戸籍謄本を提供する。後掲登記原因証明情報例を参照。

② 登記義務者（贈与者）の登記識別情報（不登22）

③ 登記義務者の相続人全員の印鑑証明書（不登令18）

　　登記義務者の相続人全員が申請人となる（昭27・8・23民甲74）（→ memo.1 ）。所有権移転登記義務の履行債務は、不可分債務である（最判昭36・12・15民集15・11・2865）。

④ 登記義務者の相続人全員の相続証明情報（不登62、不登令7①五イ）

　　相続人全員の戸籍謄（抄）本を提供する。

⑤ 登記権利者の住所証明情報（不登令別表30項添付情報欄ロ）

⑥ 農地法所定の許可書（不登令7①五ハ）

　　贈与者死亡後における農地法所定の許可の申請者については memo.2 参照。

⑦ 代理権限証明情報（不登令7①二）

　　代理人によって登記を申請するときは、受贈者（登記権利者）及び贈与者（登記義務者）亡Aの相続人全員の委任状を提供する。

　　　　　　　　　　　　＜登録免許税＞

　　　　　不動産の価額の1,000分の20（登税別表1・1（二）ハ）。100円未満は切り捨て（税通119①）。

〔執行者の指定がない死因贈与の登記原因証明情報例〕

登記原因証明情報

1　登記申請情報の要項
　(1)　登記の目的　　所有権移転
　(2)　登記の原因　　平成○年○月○日贈与　（注1）
　(3)　当　事　者　　権利者　○市○町○丁目○番地　（注2）
　　　　　　　　　　　　　　　　B
　　　　　　　　　　　義務者　○市○町○丁目○番地　（注3）
　　　　　　　　　　　　　　　亡A相続人　C
　(4)　不動産の表示　（省略）

2 農地等の権利移動　63

2　登記の原因となる事実又は法律行為

(1)　平成○年○月○日、贈与者Aと受贈者Bは、贈与者の死亡により受贈者に本件農地を贈与する死因贈与契約を締結した。

(2)　贈与者は、平成○年○月○日死亡した。その相続人はCである。（注4）

(3)　平成○年○月○日農地法第3条の許可を得、平成○年○月○日同許可書が当事者に到達した。　（注5）

(4)　よって、平成○年○月○日、贈与者から受贈者に本件農地の所有権が移転した。　（注6）

　登記原因は上記のとおりであることを確認した。

　平成○年○月○日

　　　　　　　　　　　　義務者　○市○町○丁目○番地

　　　　　　　　　　　　亡A相続人　C　㊞　（注7）

(注1)(注5)(注6)　農地の死因贈与契約締結の後に農地法所定の許可書が当事者に到達した場合、農地の死因贈与契約による所有権移転の効力は、農地法所定の許可書が当事者に到達した日に生じる（昭35・10・6民甲2498、逐条農地法83頁参照）。

(注2)　受贈者。

(注3)　贈与者Aの相続人全員を記載する。

(注4)　贈与者Aの死亡日。贈与者Aの相続人全員を記載する。

(注7)　贈与者Aの相続人全員を記載する。印鑑については制限がない。

memo.1　＜登記義務者＞

売買登記未了のまま売主が死亡した後、買主が売主の共同相続人とともに所有権移転登記を申請するには、売主の共同相続人全員が登記義務者となる（昭27・8・23民甲74）。

memo.2　＜農地法所定の許可の申請者＞

死因贈与は贈与者と受贈者の契約行為であり、農地法所定の許可申請は単独申請することはできない。農地法所定の許可申請は、贈与者の死後、贈与者の相続人全員と受遺者とが申請する

贈与・死因贈与（死因贈与）

64 　2　農地等の権利移動

（昭42・2・20　41-284農林省農地局農地課長回答参照、事務処理要領別紙1第1・1(2)、同第4・1(3)参照）。

Q49〔執行者の指定がある死因贈与の申請情報等〕

執行者の指定がある農地の死因贈与契約に基づき、所有権移転登記を申請する場合の申請情報・添付情報を示せ

登 記 申 請 書 ❶

登記の目的　　所有権移転　❷
原　　　因　　平成○年○月○日贈与　❸
権　利　者　　○市○町○丁目○番地　❹
　　　　　　　　B
義　務　者　　○市○町○丁目○番地　❺
　　　　　　　　亡A
添 付 情 報　❻

　　　　登記原因証明情報　登記識別情報　印鑑証明書
　　　　住所証明情報　農地法許可書　代理権限証明情報

（以下省略）

❶　本例は、執行者の指定がある農地の死因贈与の例である。なお、始期付所有権移転仮登記に基づく本登記については、**Q51**参照。

❷　農地について、贈与者の死後において、死因贈与を登記原因として所有権移転登記を申請する例である。

❸　原則として、死因贈与は贈与者の死亡によって効力を生ずるが（民554）、本件は農地であり、所有権を移転するためには農地法所定の許可を要する（**Q44**、登研361・82、同427・104参照）。

　　登記原因日付は、農地法所定の許可書が当事者に到達した日である。先例

は売買の事案につき、農地の所有権移転の効力は、売買契約後に許可があった場合には、許可書が当事者に到達した日に生じるとしている（昭35・10・6民甲2498）。

❹　受贈者。

❺　本例は、死因贈与契約において執行者の指定がある場合の例である。執行者は登記義務者（贈与者）の代理人として登記の申請を行う者であることから、登記義務者としては贈与者を記載する（不動産登記総覧書式編〈1〉1468ノ3頁（注4））。

❻①　登記原因証明情報（不登61）

　　死因贈与契約書又は差入れ形式の登記原因証明情報、及び贈与者の死亡の事実を証する（除）戸籍謄本を提供する。後掲登記原因証明情報例を参照。

②　登記義務者の登記識別情報（不登22）

③　登記義務者の代理人たる執行者の印鑑証明書（不登令18）

　　執行者は登記義務者（贈与者）の代理人として登記の申請を行う（不動産登記総覧書式編〈1〉1468ノ3頁（注4））。

④　登記権利者の住所証明情報（不登令別表30項添付情報欄ロ）

⑤　農地法所定の許可書（不登令7①五ハ）

　　登記義務者である贈与者A死亡後における農地法所定の許可の申請者については、**Q48 memo.2** 参照。

⑥　代理権限証明情報（不登令7①二）

　　㋐　執行者の代理権限証明情報として、①の死因贈与契約書の他に、次の情報を提供する（公正証書の場合は**Q46**(1)参照）。

　　　　ⓐ　登記義務者の相続人全員の承諾情報

　　　　　　登記義務者は既に死亡していることから、真正担保のため（執行者＝権利者（受贈者）ということもあり得る。）、登記義務者の相続人全員の承諾書（印鑑証明書付き）を提供すべきとされている（登研566・131）。

　　　　ⓑ　登記義務者の相続人であることを証する情報

　　　　　　相続人全員の戸籍謄（抄）本を提供する（不動産登記実務の視点Ⅵ134頁、相続・遺贈の登記819頁参照）。

　　㋑　代理人によって登記を申請するときは、登記義務者の相続人全員の委任状及び登記権利者の委任状を提供する。

66　2　農地等の権利移動

<登録免許税>

不動産の価額の1,000分の20（登税別表1・1（二）ハ）。100円未満は切り捨て（税通119①）。

〔執行者の指定がある死因贈与の登記原因証明情報例〕

登記原因証明情報

1　登記申請情報の要項
　(1)　登記の目的　　所有権移転
　(2)　登記の原因　　平成○年○月○日贈与　（注1）
　(3)　当　事　者　　権利者（受贈者）
　　　　　　　　　　　　○市○町○丁目○番地　（注2）
　　　　　　　　　　　　B
　　　　　　　　　　義務者（贈与者）
　　　　　　　　　　　　○市○町○丁目○番地　（注3）
　　　　　　　　　　　　亡A
　(4)　不動産の表示　（省略）
2　登記の原因となる事実又は法律行為
　(1)　平成○年○月○日、贈与者Aと受贈者Bは、贈与者の死亡により受贈者に本件農地を贈与する死因贈与契約を締結した。
　(2)　(1)の死因贈与契約においては、当該契約の執行者として甲が指定されている。
　(3)　贈与者は、平成○年○月○日死亡した。　（注4）
　(4)　贈与者の相続人は、Cである。　（注5）
　(5)　平成○年○月○日農地法第3条の許可を得、平成○年○月○日同許可書が当事者に到達した。　（注6）
　(6)　よって、平成○年○月○日、贈与者から受贈者に本件農地の所有権が移転した。　（注7）

　登記原因及び登記原因日付は上記のとおりであることを確認した。
　　平成○年○月○日

　　　　　　　　　　義務者　○市○町○丁目○番地
　　　　　　　　　　亡A相続人　C　㊞　（注8）

贈与・死因贈与（死因贈与）

2　農地等の権利移動　67

（注1）（注6）（注7）　農地の死因贈与契約締結の後に農地法所定の許可書が当事者に到達した場合、農地の死因贈与契約による所有権移転の効力は、農地法所定の許可書が当事者に到達した日に生じる（昭35・10・6民甲2498、逐条農地法83頁参照）。

（注2）　受贈者。

（注3）　贈与者。

（注4）　贈与者Aの死亡日。

（注5）　贈与者Aの相続人全員を記載する。

（注8）　贈与者Aの相続人全員が記名押印する。印鑑については制限がない。

贈与者の生前中においては、不動産登記法105条2号の仮登記を申請することができる（登研352・104）。

Q50〔死因贈与の仮登記〕

農地の死因贈与契約に基づき贈与者の生前中に所有権移転の仮登記を申請できるか。仮登記の申請ができるとした場合の申請情報・添付情報を示せ

贈与・死因贈与（死因贈与）

　　　　　　　登　記　申　請　書　❶

登記の目的　　始期付所有権移転仮登記

原　　　因　　平成○年○月○日贈与　❷
　　　　　　　（始期Aの死亡）

権　利　者　　○市○町○丁目○番地　❸
　　　　　　　　　B

義　務　者　　○市○町○丁目○番地　❹
　　　　　　　　　A

添　付　情　報　❺

　　　　　登記原因証明情報　印鑑証明書　代理権限証明情報

（以下省略）

68 　2　農地等の権利移動

❶　本例は、受贈者と贈与者の共同申請による書式例である。

❷　死因贈与契約が成立した日。「始期」とは、法律行為の効力を発生させたり、又は債務の履行を請求できるようになる期限をいう（民135①）。

❸　受贈者。

❹　贈与者。

❺①　登記原因証明情報（不登61）

　　　　後掲書式例参照。

　②　登記義務者の印鑑証明書（不登令18②）。

　③　代理権限証明情報（不登令7①二）

　　　　代理人によって登記を申請するときは、委任状を提供する。

<登録免許税>

　　　不動産の価額の1,000分の10（登税別表1・1（十二）ロ(3)）。100円未満は切り捨て（税通119①）。

〔始期付所有権移転仮登記－登記原因証明情報例〕

登記原因証明情報

1　登記申請情報の要項

　(1)　登記の目的　　始期付所有権移転仮登記

　(2)　登記の原因　　平成○年○月○日贈与

　　　　　　　　　　（始期Ａの死亡）

　(3)　当　事　者　　権利者（受贈者）

　　　　　　　　　　　　○市○町○丁目○番地

　　　　　　　　　　　　　　Ｂ

　　　　　　　　　　義務者（贈与者）

　　　　　　　　　　　　○市○町○丁目○番地

　　　　　　　　　　　　　　Ａ

　(4)　不動産の表示（省略）

2　登記の原因となる事実又は法律行為

　(1)　平成○年○月○日、贈与者Ａと受贈者Ｂは、本件農地につき、「Ａの死亡」を始期とする死因贈与契約を締結した。　（注1）

　(2)　平成○年○月○日、贈与者Ａと受贈者Ｂは、上記内容の始期付所有

2　農地等の権利移動　69

権移転仮登記を申請することに合意した。　（注2）
（以下省略）

（注1）　死因贈与契約が成立した日を記載する。
（注2）　任意的記載事項である。

Q51〔死因贈与の仮登記の本登記の申請情報等〕

農地について始期付所有権移転仮登記をしているところ、贈与者の死亡により当該仮登記を本登記にする所有権移転登記の申請情報・添付情報を示せ

贈与・死因贈与（死因贈与）

〔執行者の指定がない場合の申請情報・添付情報〕

登　記　申　請　書

登記の目的　　○番仮登記の所有権移転本登記　❶
原　　　因　　平成○年○月○日贈与　❷
権　利　者　　○市○町○丁目○番地　❸
　　　　　　　　B
義　務　者　　○市○町○丁目○番地　❹
　　　　　　　　亡A相続人　C
添　付　情　報　❺
　　　　　　登記原因証明情報　登記識別情報　印鑑証明書
　　　　　　相続証明情報　住所証明情報　農地法許可書
　　　　　　代理権限証明情報
（以下省略）

❶　仮登記の本登記である旨を記載する。
❷　死因贈与は贈与者の死亡によって効力を生ずるが（民554）、本件不動産は

70　2　農地等の権利移動

農地であり、所有権を移転するためには農地法所定の許可を要する（登研361・82、同427・104参照）。

　登記原因日付は、農地法所定の許可書が当事者に到達した日である。先例は売買の事案につき、農地の所有権移転の効力は、売買契約後に許可があった場合には、許可書が当事者に到達した日に生じるとしている（昭35・10・6民甲2498）。

❸　受贈者。

❹　登記義務者（贈与者）の相続人全員が贈与者の登記義務を承継するので、相続人全員を記載する（昭27・8・23民甲74）。

❺①　登記原因証明情報（不登61）

　　　死因贈与契約書又は差入れ形式の登記原因証明情報、及び贈与者の死亡の事実を証する（除）戸籍謄本。後掲登記原因証明情報例を参照。

②　登記義務者の登記識別情報（不登22）

③　登記義務者の相続人全員の印鑑証明書（不登令18）

　　　登記義務者の相続人全員が申請人となる（昭27・8・23民甲74）。所有権移転登記義務の履行債務は、不可分債務である（最判昭36・12・15民集15・11・2865）。

④　登記義務者の相続人全員の相続証明情報（不登62、不登令7①五イ）

　　　相続人全員の戸籍謄（抄）本を提供する。

⑤　登記権利者の住所証明情報（不登令別表㉚添付情報欄ロ）

⑥　農地法所定の許可書（不登令7①五ハ）

　　　memo.参照。

⑦　代理権限証明情報（不登令7①二）

　　　代理人によって登記を申請するときは、受贈者及び贈与者の相続人全員の委任状を提供する。

＜登録免許税＞

　　　不動産の価額の1,000分の10（登税17①）。

　　　100円未満は切り捨て（税通119①）。

〔執行者の指定がない始期付所有権移転仮登記の本登記―登記原因証明情報例〕

登記原因証明情報

1　登記申請情報の要項

＊＊＊＊＊＊＊＊＊＊＊＊＊＊＊＊＊＊＊＊＊＊＊＊＊＊　2　農地等の権利移動　71

　(1)　登記の目的　　○番仮登記の所有権移転本登記
　(2)　登記の原因　　平成○年○月○日贈与　（注1）
　(3)　当　事　者　　権利者　○市○町○丁目○番地　（注2）
　　　　　　　　　　　　　　　　　B
　　　　　　　　　　　義務者　○市○町○丁目○番地　（注3）
　　　　　　　　　　　　　　亡A相続人　　C
　(4)　不動産の表示　　　（省略）
2　登記の原因となる事実又は法律行為
　(1)　平成○年○月○日、贈与者Aと受贈者Bは本件農地について、贈与
　　　者Aの死亡を「始期」とする死因贈与契約を締結した。
　(2)　平成○年○月○日、贈与者Aと受贈者Bは上記契約に基づき、本件
　　　農地について始期付所有権移転仮登記を経由した（平成○年○月○日
　　　○法務局受付第○号）。
　(3)　平成○年○月○日、贈与者Aは死亡した。
　(4)　平成○年○月○日農地法第3条の許可を得、平成○年○月○日同許
　　　可書が当事者（登記義務者については相続人）に到達した。　（注4）
　(5)　よって、平成○年○月○日、贈与者Aから受贈者Bに対し贈与を原
　　　因として所有権が移転した。　（注5）
　（以下省略）

（注1）（注4）（注5）　農地の死因贈与契約締結の後に農地法所定の許可書が当事
　　　者に到達した場合、農地の死因贈与契約による所有権移転の効力は、農地
　　　法所定の許可書が当事者に到達した日に生じる（昭35・10・6民甲2498、逐
　　　条農地法83頁参照）。
（注2）　受贈者。
（注3）　贈与者Aの相続人全員を記載する。
　memo.　＜農地法所定の許可の申請者＞
死因贈与は贈与者と受贈者の契約行為であり、
農地法所定の許可申請は単独申請することはで
きない。農地法所定の許可申請は、贈与者の死
後、贈与者の相続人全員と受遺者とが申請する
（昭42・2・20　41-284農林省農地局農地課長回答、
事務処理要領別紙1第1・1(2)、同第4・1(3)参照）。

贈与・死因贈与（死因贈与）

Q52〔財産分与〕

離婚により農地を財産分与する所有権移転登記の申請には、農地法所定の許可書の提供を要するか

当事者の任意の協議による財産分与については農地法所定の許可を要するので、共同申請による所有権移転登記の申請には許可書を提供しなければならない（登研523・138）。

家庭裁判所における財産分与の裁判（審判（家事39））若しくは調停によった場合は、農地法許可の除外事由であり、農地法の許可は不要である（農地3十二）。

〔財産分与と農地法の許可の要否〕

	財産分与の方法	農地法許可の要否
裁判外	当事者の任意の協議による財産分与の場合	農地法所定の許可を要する（農地法3条1項で農地法許可除外事由となっていない。）。
裁判上	① 協議上の離婚による財産分与について当事者間で協議が調わないとき、又は協議をすることができないために（民768②）、財産分与の裁判若しくは調停による場合 ② 婚姻の取消し（民749）、裁判上の離婚（民771）に伴う財産分与の裁判若しくは調停による場合 ③ 特別縁故者→**Q53**。	農地法所定の許可を要しない（農地法3条1項12号で農地法許可の除外事由である。）。

memo. 農地法所定の許可を要するのは、財産分与の協議が任意によってされた場合であって、財産分与の前提となる離婚が任意の協議によるものであるか否かは関係ない。すなわち、離婚が任意の協議によって成立した場合であっても、財産分与が家庭裁判所の審判又は調停によってされる場合には、農地法所定の許可は要しない（不動産登記実務の視点Ⅴ41頁）。

2　農地等の権利移動　73

民法958条の3の規定による特別縁故者に対する
相続財産の分与は、家庭裁判所の審判により行
われる（家事39・別表第1百一）。この審判に基づ
く農地についての農地法3条1項に掲げる権利の
設定又は移転は農地法許可の除外事由であり、
農地法の許可は不要である（農地3①十二）。
したがって、家庭裁判所の審判に基づく特別縁
故者に対する相続財産（農地）の分与による所
有権移転登記の申請には、農地法所定の許可書
の添付は要しない（登研520・198）。

Q53〔特別縁故者への相続財産の分与〕

特別縁故者に相続財産（農地）の分与をする場合については、農地法所定の許可を要するか

財産分与

74 2 農地等の権利移動

真正な登記名義の回復

Q54〔真正な登記名義の回復〜相続関係以外〕

「真正な登記名義の回復」を原因とする所有権移転登記の申請には、農地法所定の許可書の提供を要するか（相続関係以外の事案）

① 前の所有権登記名義人に回復する場合には、農地法所定の許可書の提供を必要としないが、その他の場合には必要とする（昭40・9・24民甲2824）。

② 農地から非農地へ地目変更された土地につき、AからBに「真正な登記名義の回復」を原因とする所有権移転登記を申請する場合、農地法所定の許可書の添付は要しない（登研534・129）。

③ 農地法5条の許可を得て所有権移転登記をした農地の地目が宅地に変更登記された後に、「真正な登記名義の回復」を原因として従前の所有者以外の者に所有権移転登記を申請する場合には、農地法所定の許可書の添付を要しない（登研429・124）。

④ AからBに所有権移転の登記がされている農地について、「真正な登記名義の回復」を原因としてCのために所有権移転の登記を申請するには、AC間の所有権移転登記について農地法所定の許可書の提供を要する（農地法3条許可の事案として、昭40・12・9民甲3435）。⑤参照。

⑤ AからBに所有権移転の登記がされている農地について、「真正な登記名義の回復」を原因としてBC間の農地法所定の許可書を提供した場合には、この申請は却下されるという見解がある（登研404・133）。しかし、その後の他の文献には、BC間の所有権移転を「真正な登記名義の回復」とする農地法所定の許可がされている以上は、その許可が明らかに無効と解されない限り、便宜上その申請は受理して差し支えないとする見解が出されている（カウンター相談Ⅰ55頁、不動産登記実務の視

点Ⅴ44頁参照)。
[⑤後段の図]

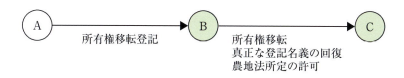

⑥　農地から非農地へ地目の変更の登記がされた土地につき「真正な登記名義の回復」を原因とする所有権移転登記を申請する場合において、登記原因証明情報の内容から、非農地への地目変更の原因の日付よりも前に所有権移転があったことが明らかなときは、農地法所定の許可書の提供を要する(登研714・197)。

memo.　本Ｑの登記原因については、引用文献には「真正な登記名義の回復」と記載するものがあるが、登記原因を問う照会に対して回答は「真正なる登記名義の回復」となっている(昭36・10・27民甲2722、昭39・2・17民三125)(傍点はいずれも筆者。)。本書では最新の記載例(平28・6・8民二386記載例237)に基づき「真正な登記名義の回復」の用語を使用する。

真正な登記名義の回復

---

① 相続による所有権移転登記がされている農地について、真正な登記名義の回復を原因として他の相続人に所有権移転登記を申請する場合において、申請情報と併せて提供された登記原因証明情報に事実関係(相続登記が誤っていること、申請人が相続により取得した真実の所有者であること等)又は法律行為(遺産分割等)が記録されていれば、農地法所定の許可書の提供を要しない(平24・7・25民二

Q55〔真正な登記名義の回復〜相続関係〕
　「真正な登記名義の回復」を原因とする所有権移転登記の申請には、農地法所定の許可書の提供を要するか(相続関係の事案)

2 農地等の権利移動

真正な登記名義の回復

1906）（→ memo. ）。

② 　A・B・Cへの共同相続の登記をした後に、遺産分割を原因とするB・C持分のAへの持分全部移転登記が順次経由されてA単有名義となっている農地について、真正な登記名義の回復によりAからBへの所有権移転の登記を申請するには、農地法5条の許可書の提供を要しない（農地法3条の事案として、登研528・185）。

memo. 　農地について「真正な登記名義の回復」を原因として、前の所有権登記名義人に回復する場合には、農地法所定の許可書の提供を必要としないが、その他の場合には必要とする昭40・9・24民甲2824は、平24・7・25民二1906により、「前の所有権登記名義人に回復する場合及び相続人から他の相続人に回復する場合には、農地法所定の許可書の提供は必要としないが、その他の場合には必要とする。」に変更されたことになる（不動産登記実務の視点Ⅴ46頁）（筆者注：①記載のように登記原因証明情報に事実関係又は法律行為の記載があることを要する。）。

2 農地等の権利移動　77

時効による所有権の取得は原始取得であり、農地法3条の規定の適用はなく、農地法所定の許可を要しない（昭38・5・6民甲1285）。

memo.1 ＜判　例＞

「農地法3条による都道府県知事等の許可の対象となるのは、農地等につき新たに所有権を移転し、又は使用収益を目的とする権利を設定若しくは移転する行為にかぎられ、時効による所有権の取得は、いわゆる原始取得であって、新たに所有権を移転する行為ではないから、右許可を受けなければならない行為にあたらない」（最判昭50・9・25判時794・66）。

memo.2 ＜長期取得時効＞

「民法第162条に規定する時効取得については、農地法の許可を得ていない過失があるため10年間の短期取得時効は認められず、20年間の長期取得時効に限り許可不要」（農地調整事務の概要17頁）。

(1)　時効取得を登記原因とする農地の所有権移転登記等の申請があった場合の取扱い

　　　登記簿上の地目が田又は畑である土地について、時効取得を登記原因とした権利移転又は設定の登記申請があった場合は、登記官からその旨を関係農業委員会に対し適宜の方法により通知する。関係農業委員会宛ての通報は、電話連絡の方法によることも差し支えなく、また、司法書士が申請代理人である場合には、同人から事情聴取の上、必要があるときはしかるべく注意を喚起するのが相当である（昭52・8・22民三4239）。

Q56〔時効取得と農地法許可書の要否〕

　時効取得による農地の所有権移転登記申請には、農地法所定の許可書の提供を要するか

Q57〔時効取得の申請があった場合の取扱い〕

　農地について時効取得を登記原因とする所有権移転登記の申請があった場合、登記官はどのように取り扱うか

時効取得

78 2 農地等の権利移動

時効取得

(2) 20年間の長期取得時効（農業委員会の処理・登記完了前の措置）

「取得時効完成の要件を備えているか否かの判断に当たっては、農地に係る権利の取得が、農地法所定の許可を要するものであるにもかかわらず、その許可を得ていない場合には、占有（準占有）の始めに無過失であったとはいえず、このような場合の農地に係る権利の時効取得には、20年間所有の（自己のためにする）意思を以って平穏かつ公然と他人の農地を占有（農地に係る財産権を行使）することを要するものと解されるので留意すること」（昭52・8・25 52構改B1673）。

Q58〔年月日不詳時効取得の可否〕

「年月日不詳時効取得」を原因とする所有権移転登記の申請は、受理されるか

地目に関係なく、共同申請によりなされた「年月日不詳時効取得」を原因とする所有権移転登記の申請は、受理されない（登研503・196）。「年月日不詳」では、時効の起算日が明らかでないことから認められない（不動産登記実務の視点Ⅵ325頁）（→ **memo.** 参照）。

なお、「年月日不詳時効取得」とする申請が可能な例→**Q59**。

<時効取得（登記記録例220）>

2	所有権移転	平成○年○月○日第○号	原因 平成○年○月○日時効取得 所有者 ○市○町○番地 A

(注) 原因日付は、時効の起算日である。

［参 考］

① 時効取得の効力はその起算日に遡るので（民144）、不動産を時効取得したときの原因日付は、時効期間が開始した日、すなわち、

２　農地等の権利移動　　79

占有の開始日である（不動産登記研修講座47頁）。

② 不動産の時効取得は、原始取得であり、前所有者から所有権が承継されるのではないが、登記の形式としては前所有者を登記義務者とする所有権移転登記の形式で行う（明44・6・22民事414、不動産登記研修講座47頁）。

memo. ＜時効完成時期の選択＞

「必らず時効の基礎たる事実の開始した時を起算点として時効完成の時期を決定すべきものであって、取得時効を援用する者において任意にその起算点を選択し、時効完成の時期を或いは早め或いは遅らせることはできない」（最判昭35・7・27判時232・20）。

判決の主文中に時効完成日は記載されているものの、判決の主文又は理由中に取得時効の起算日の日付が明記されていない場合、申請情報の登記原因及びその日付は「年月日不詳取得時効」とすることができる（登研244・68）。

時効取得

Q59〔年月日不詳時効取得が申請可能の例〕

判決の主文又は理由中に、取得時効の起算日の日付が明記されていない場合、申請情報の登記原因及びその日付は「年月日不詳時効取得」として申請できるか

2 農地等の権利移動

賃借権の設定・更新・解除（農地法3条の場合）

Q60〔賃借権の設定〕

農地等に賃借権を設定するためには、農地法所定の許可を要するか

(1) 原 則

　農地又は採草放牧地に賃借権の権利を設定する場合には、政令で定めるところにより（農地令1、農地規10〜15）、当事者は農業委員会の許可を受けなければならない（農地3①本文）。

(2) 許可除外事由

　Q90の許可除外事由のいずれかに該当する場合及び農地法5条1項本文に規定する場合は、農地法3条1項の許可は不要である（農地3①ただし書）。「農地法5条1項本文に規定する場合」とは、農地を農地以外のものにするため又は採草放牧地を採草放牧地以外のもの（農地を除く。）にするため（農地等の転用）、権利移動をする場合である。この場合は、農地法5条1項の許可を得ることになるから、農地法3条1項の許可申請は不要である。

Q61〔賃借権の効力発生日〕

農地の賃貸借契約で賃借権の効力発生日を定めている場合、賃借権の効力は、その定めた日に発生するか

(1) 賃借権設定契約の効力発生日

　農地の賃貸借契約は、農地法3条1項の許可書が賃貸借契約の当事者に到達した日に効力を生ずる（昭35・10・6民甲2498）。農地の賃貸借契約中に「本件賃貸借は〇年〇月〇日をもってその効力を生ずる」という約定があっても、当該期日までに農地法3条1項の許可が当事者に到達しなければ賃借権が成立しないので、効力を生じない（転用のための農地売買・賃貸借166頁参照）。

(2) 登記原因日付

　農地の賃貸借契約は、農地法3条1項の許可書が賃貸借契約の当事者に到達した日に効力を生ずるから、その日を登記原因の日

付とする（昭35・10・6民甲2498）。農地法3条
の許可書に賃借権を設定しようとする日が
記載されている場合であっても、賃貸借契
約がその日の後である場合は、賃借権設定
登記の登記原因日付は賃貸借契約の日であ
る（登研494・123）。
(3) 契約書の文書化
　　Q70参照。

Q72参照。	**Q62〔賃貸借の対抗力〕** 農地等の賃借権を第三者に対抗するためには、賃借権設定の登記を要するか
Q73参照。	**Q63〔賃貸借の存続期間〕** 農地等の賃貸借の存続期間は何年か
Q74参照。	**Q64〔賃貸借の更新〕** 農地等の賃貸借について存続期間の定めがある場合、更新することはできるか
Q75参照。	**Q65〔法定更新による賃貸借の期間〕** 法定更新により賃貸借の期間が更新された場合、賃貸借の期間は何年か
農地又は採草放牧地の賃貸借について、設定する場合は許可除外事由の場合を除き農業委員会による農地法3条1項の許可を要するが（農地3	**Q66〔更新拒絶等と都道府県知事の許可〕** 農地等の賃貸借の当事者が、

賃借権の設定・更新・解除（農地法3条の場合）

82　　② 農地等の権利移動

賃借権の設定・更新・解除（農地法３条の場合）

賃貸借の解除、賃貸借の更新をしない旨の通知等をするには都道府県知事の許可を要するか	①）、解除、解約、更新をしない旨の通知をする場合には、許可除外事由の場合を除き都道府県知事の許可を受けなければならない（農地18①本文）（指定都市（自治252の19①、農地3①十五）の区域内にある農地又は採草放牧地に係るものについては、指定都市の長の許可（農地59の2））。詳細は**Q76**参照。
Q67〔都市農地の貸借〕 都市農地の貸借について、平成30年に新法が公布されたが、その法律の概要はどのようなものか	(1)　都市農地の貸借の円滑化に関する法律 　「都市農地の貸借の円滑化に関する法律」（平成30年法律68号）が、平成30年9月1日に施行された。この法律は、都市農地の貸借の円滑化のための措置を講ずることにより、都市農地の有効な活用を図り、もって都市農業の健全な発展に寄与するとともに、都市農業の有する機能の発揮を通じて都市住民の生活の向上に資することを目的とする（都市円滑1）。 　この法律における用語の定義は、次のとおりである（都市円滑2）。 農地＝耕作の目的に供される土地をいう。 都市農地＝生産緑地法3条1項の規定により定められた生産緑地地区の区域内の農地をいう。 都市農業＝都市農地において行われる耕作の事業をいう。 (2)　農地法の適用除外 　都市農地を自らの耕作の事業の用に供するため当該都市農地の所有者から当該都市農地について賃借権又は使用貸借による権利（以下「賃借権等」という。）の設定を受けようとする者は、事業計画を作成し、これを当該都市農地の所在地を管轄する市町村

の長に提出して、その認定を受けることが
できる（都市円滑4①）。

　認定事業計画に従って認定都市農地につ
いて賃借権等が設定される場合には、農地
法3条1項本文の規定は、適用しない（都市円
滑8①）。認定事業計画に従って認定都市農
地について設定された賃借権に係る賃貸借
については、農地法17条本文の規定は、適用
しない（都市円滑8②）。

賃借権の設定・更新・解除（農地法3条の場合）

84   2 農地等の権利移動

賃借権の設定・更新・解除（農地法5条の場合）

Q68〔賃借権の設定〕

農地又は採草放牧地を転用して賃借権を設定するためには、農地法所定の許可を要するか

農地を農地以外のものにするため又は採草放牧地を採草放牧地以外のもの（農地を除く。採草放牧地を農地にする目的で賃借権を設定する場合は農地法3条の適用を受ける。）にするため、これらの土地について賃借権を設定し、又は移転する場合には、当事者が都道府県知事等（→ memo.1 ）の許可を受けなければならない（農地5①本文）。

都道府県知事等は、同一の事業の目的に供するため4ヘクタールを超える農地又はその農地と併せて採草放牧地についての賃借権取得については、あらかじめ、農林水産大臣に協議しなければならない（農地附則②三）（→ memo.2 ）。

なお、農地法5条1項ただし書で定める許可除外事由に該当する場合は、農地法5条1項の許可を要しない（農地5①ただし書）。

memo.1 　農地を農地以外のものにする者は、都道府県知事（農地又は採草放牧地の農業上の効率的かつ総合的な利用の確保に関する施策の実施状況を考慮して農林水産大臣が指定する市町村（以下「指定市町村」という。）の区域内にあっては、指定市町村の長。）の許可を受けなければならない（農地4①本文）。

memo.2 　「同一の事業」とは、同一の事業主体が一連の事業計画の下に転用しようとする事業をいう（事務処理要領別紙第1第4・1(2)ア、昭27・12・20　27農地5129第1第4条関係2参照）。

Q69〔賃借権の効力発生日〕

農地の転用を伴う賃貸借契約で賃借権の効力発生日を定めている場合、賃借権の効力は、その定めた日に発生するか

(1)　賃借権設定契約の効力発生日

　　農地の賃貸借契約は、農地法5条1項の許可書が賃貸借契約の当事者に到達した日に効力を生ずる（農地法3条の所有権移転の事案として、昭35・10・6民甲2498参照）。農地の賃

② 農地等の権利移動　85

貸借契約中に「本件賃貸借は○年○月○日をもってその効力を生ずる」という約定があっても、当該期日までに農地法5条1項の許可が当事者に到達しなければ賃借権が成立しないので、効力を生じない（転用のための農地売買・賃貸借166頁参照）。

(2)　登録原因日付

農地の賃貸借契約は、農地法5条1項の許可書が賃貸借契約の当事者に到達した日に効力を生ずるから、その日を登記原因の日付とする（農地法3条の事案として、昭35・10・6民甲2498）。農地法5条の許可書に賃借権を設定しようとする日が記載されている場合であっても、賃貸借契約がその日の後である場合は、賃借権設定登記の原因日付は賃貸借契約の日である（農地法3条の事案として、登研494・123参照）。

農地又は採草放牧地の賃貸借契約については、当事者は、書面によりその存続期間、借賃等の額及び支払条件その他その契約並びにこれに付随する契約の内容を明らかにしなければならない（農地21）。

Q70〔契約の文書化〕
農地又は採草放牧地の賃貸借契約は、書面にしなければならないか

市街化区域内にある農地を農地以外のものにするため又は採草放牧地を採草放牧地以外のもの（農地を除く。）にするためには、あらかじめ農業委員会に転用の届出をすることにより、農地法5条1項本文の許可申請は不要となる（農地5①六）。

市街化区域内の届出の詳細については、**Q111〜Q114**を参照。

Q71〔市街化区域内の賃貸借〕
市街化区域内の農地等を転用して賃借権を設定するためには、農地法上、どのような手続をするべきか

賃借権の設定・更新・解除（農地法5条の場合）

2 農地等の権利移動

賃借権の設定・更新・解除（農地法5条の場合）

Q72 〔賃貸借の対抗力〕

農地等の賃借権を第三者に対抗するためには、賃借権設定の登記を要するか

不動産に関する物権の得喪は、不動産登記法その他の登記に関する法律の定めるところに従いその登記をしなければ、第三者に対抗することはできないが（民177）、農地又は採草放牧地の賃貸借は、その登記がなくても、農地又は採草放牧地の引渡しがあったときは、これをもってその後その農地又は採草放牧地について物権を取得した第三者に対抗することができる（農地16①）。

memo.1　登記請求権は物権的請求権であるところ、賃借権は債権であるから、不動産の賃借人は、賃貸借の登記をする特約が存しない場合においては、特別の規定がない限り、賃貸人に対して賃貸借の本登記請求権はもちろん、その仮登記をする権利をも有しない（大判大10・7・11民録27・1378）。実際に賃貸人が賃借権設定の登記を承諾することは困難であったので、賃借人を保護するために登記がなくても農地又は採草放牧地の引渡しにより対抗力を認めた（農地法詳解171頁参照）。

memo.2　農地法16条の規定は、農地法41条4項の規定により農地中間管理機構が取得する利用権について準用される。この場合において、農地法16条1項で農地又は採草放牧地の「引渡があった」とあるのは、当該農地の「占有を始めた」と読み替えるとしている（農地41⑦）。

Q73 〔賃貸借の存続期間〕

農地等の賃貸借の存続期間は何年か

民法で定める賃貸借の存続期間は、20年を超えることができないとされているが（民604①）、農地又は採草放牧地の賃貸借の存続期間は、50年を超えることができないとされている（農地19）。

memo.　果樹の場合には賃貸借期間を延ば

2 農地等の権利移動 87

してもよいのではないかとする指摘もあり（農
水委員会会議録31頁石破茂国務大臣発言）、平成21
年法律57号をもって賃貸借期間の上限を50年に
改正した。

(1)　農地法17条の規定に基づき更新
　　農地又は採草放牧地の賃貸借について存
　続期間の定めがある場合においては、存続
　期間の更新は農地法17条の規定〔法定更新〕
　に従う。賃貸借の解約の留保を定める民法
　618条、更新の推定等を定める同法619条の
　規定は適用されない。
(2)　法定更新―更新をしない旨の通知
　(ア)　原　　則
　　　農地又は採草放牧地の賃貸借につい
　　て存続期間の定めがある場合において、
　　その当事者が、原則として、その存続期
　　間の満了の1年前から6か月前までの間
　　に、相手方に対して更新をしない旨の
　　通知をしないときは、従前の賃貸借と
　　同一の条件で更に賃貸借をしたものと
　　みなされる（農地17本文）（更新しない旨
　　の通知をしない限り賃貸借が継続する。
　　これを「法定更新」という。）。更新した
　　場合の存続期間は期間の定めのない賃
　　貸借として取り扱われる→**Q75**。
　　　許可権限庁→**Q76**。
　(イ)　期間の例外
　　　賃貸借について存続期間の定めがあ
　　る場合、更新をしない旨の通知は、原則
　　として、存続期間の満了の1年前から6
　　か月前までにすることを要するが、賃
　　貸人又はその世帯員等（農地2②）の死

Q74〔賃貸借の更新〕
　農地等の賃貸借について存続
期間の定めがある場合、この
存続期間を更新することがで
きるか

賃借権の設定・更新・解除（農地法5条の場合）

亡又は農地法2条2項に掲げる事由によりその土地について耕作、採草又は家畜の放牧をすることができないため、一時賃貸をしたことが明らかな場合は、その期間の満了の6か月前から1か月前までに更新をしない旨の通知を行う（農地17本文括弧書）。

(3) 法定更新されない場合

次の場合には、農地又は採草放牧地の流動化を推進し土地利用の効率化を図るための観点から（逐条農地法170頁）、法定更新がされない（農地17ただし書）。

① 水田裏作を目的とする賃貸借でその期間が1年未満であるもの

「水田裏作」とは、田において稲を通常栽培する期間以外の期間稲以外の作物を栽培することをいう（農地3②六）。

② 農地法37条から40条までの規定によって設定された農地中間管理権に係る賃貸借

③ 農業経営基盤強化促進法19条の規定による公告があった農用地利用集積計画の定めるところによって設定され、又は移転された同法4条4項1号に規定する利用権に係る賃貸借及び農地中間管理事業の推進に関する法律18条5項の規定による公告があった農用地利用配分計画の定めるところによって設定され、又は移転された賃借権に係る賃貸借

(4) 更新をしない旨の通知等の区分表

賃貸借の更新をしない旨の通知等については、次の表のように区分することができる（農地17）。

2 農地等の権利移動 89

		農地法17条〔法定更新〕の規定
①	原則（法定更新）	当事者が、その期間の満了の1年前から6か月前までの間に、相手方に対して更新をしない旨の通知をしないときは、従前の賃貸借と同一の条件で更に賃貸借をしたものとみなす（農地17本文）。
②	通知期間の例外	賃貸人又はその世帯員等の死亡又は農地法2条2項に掲げる事由〔疾病・負傷による療養等〕によりその土地について耕作、採草又は家畜の放牧をすることができないため、一時賃貸をしたことが明らかな場合は、その期間の満了の6か月前から1か月前までの間に、相手方に対して更新をしない旨の通知をしないときは、従前の賃貸借と同一の条件で更に賃貸借をしたものとみなす（農地17本文括弧書）。
③	法定更新されない場合	㋐ 水田裏作を目的とする賃貸借でその期間が1年未満であるもの ㋑ 農地法37条から40条までの規定によって設定された農地中間管理権に係る賃貸借 ㋒ 農業経営基盤強化促進法19条の規定による公告があった農用地利用集積計画の定めるところによって設定され、又は移転された同法4条4項1号に規定する利用権に係る賃貸借及び農地中間管理事業の推進に関する法律18条5項の規定による公告があった農用地利用配分計画の定めるところによって設定され、又は移転された賃借権に係る賃貸借 については、法定更新がされない（農地17ただし書）。

賃借権の設定・更新・解除（農地法5条の場合）

農地又は採草放牧地の賃貸借について期間の定めがある場合において、その当事者が、相手方に対して更新をしない旨の通知をしないとき

Q75〔法定更新による賃貸借の期間〕

法定更新により賃貸借の期間

左側縦書き見出し：

賃借権の設定・更新・解除（農地法5条の場合）

が更新された場合、賃貸借の期間は何年か

は、従前の賃貸借と同一の条件で更に賃貸借をしたものとみなされる（農地17）。この場合、賃貸借は期間の定めのない賃貸借として存続する（→ memo. ）。「期間の定めのない賃貸借とは、無期限の賃貸借契約という意味ではない。契約当事者は、いつでも契約関係を打ち切ることができるからである。」（農地法の設例解説6頁）。

memo. 「農地の賃貸借について、期間の定がある場合において、農地法19条［現17条］の規定によって賃貸借が更新されたときは、爾後、その賃貸借は期間の定のない賃貸借として存続するものと解すべきである」（最判昭35・7・8判時235・19）。

Q76〔更新拒絶等と都道府県知事等の許可〕
農地等の賃貸借の当事者が、賃貸借の解除、賃貸借の更新をしない旨の通知等をするには都道府県知事等の許可を要するか

(1) 都道府県知事等の許可
　農地又は採草放牧地の賃貸借の当事者が次の①〜④の行為をする場合には、政令（農地令20・33）で定めるところにより、都道府県知事の許可を受けなければならない（農地18①本文）。なお、指定都市（自治252の19①、農地3①十五）の区域内にある農地又は採草放牧地に係るものについては、指定都市の長の許可を受けなければならない（農地59の2）。
① 賃貸借の解除
② 解約の申入れ
③ 合意による解約
④ 賃貸借の更新をしない旨の通知
(2) 許可除外事由
　前掲(1)①〜④の行為をするについて、次の①〜⑥のいずれかに該当する場合は、都道府県知事若しくは指定都市の長の許可を受けることを要しない（農地18①ただし書・

59の2)。

① 解約の申入れ、合意による解約又は賃貸借の更新をしない旨の通知が、信託事業に係る信託財産につき行われる場合(その賃貸借がその信託財産に係る信託の引受け前から既に存していたものである場合及び解約の申入れ又は合意による解約にあってはこれらの行為によって賃貸借の終了する日、賃貸借の更新をしない旨の通知にあってはその賃貸借の期間の満了する日がその信託に係る信託行為によりその信託が終了することとなる日前1年以内にない場合を除く。)

② 合意による解約が、その解約によって農地等を引き渡すこととなる期限前6か月以内に成立した合意で、その旨が書面において明らかであるものに基づいて行われる場合又は民事調停法による農事調停によって行われる場合

③ 賃貸借の更新をしない旨の通知が、10年以上の期間の定めがある賃貸借(解約をする権利を留保しているもの及び期間の満了前にその期間を変更したものでその変更をした時以後の期間が10年未満であるものを除く。)又は水田裏作を目的とする賃貸借につき行われる場合

④ 農地法3条3項の規定の適用を受けて同条1項の許可を受けて設定された賃借権に係る賃貸借の解除が、賃借人がその農地等を適正に利用していないと認められる場合において、農林水産省令(農地規66)で定めるところによりあらかじめ農業委員会に届け出て行われる場合

92 ② 農地等の権利移動

賃借権の設定・更新・解除（農地法5条の場合）

⑤　農業経営基盤強化促進法19条の規定による公告があった農用地利用集積計画の定めるところによって同法18条2項6号に規定する者に設定された賃借権に係る賃貸借の解除が、その者がその農地等を適正に利用していないと認められる場合において、農林水産省令（農地規66）で定めるところによりあらかじめ農業委員会に届け出て行われる場合

⑥　農地中間管理機構が農地中間管理事業の推進に関する法律2条3項1号に掲げる業務の実施により借り受け、又は同項2号に掲げる業務の実施により貸し付けた農地等に係る賃貸借の解除が、同法20条又は21条2項の規定により都道府県知事の承認を受けて行われる場合

2 農地等の権利移動　93

農地又は採草放牧地について抵当権（根抵当権を含む。）を設定するには農地法所定の許可を要しない。抵当権は、農地法3条1項本文（同法5条1項本文）で定める権利に該当しない。なお、質権を設定するには農地法3条1項（転用の場合は同法5条1項）の許可を要する。

memo.　譲渡担保契約に基づき所有権移転をする場合には、農地法所定の許可を要する（→Q13(2)⑨参照）。

Q77〔担保権の設定〕
農地に担保権を設定するには、農業委員会、都道府県知事等の許可を要するか

農地法所定の許可を要する（登研492・119）。

memo.　農地法3条1項で「『その他の使用及び収益を目的とする権利』としているのは、農地等の使用収益権としては法定されている物権のほか、民法に典型的契約として掲げられている賃貸借に基づく賃借権及び使用貸借による権利が考えられるが、その他無名契約により何らかの農地等の使用収益権の設定・移転がなされる場合又は公法上の契約若しくは行政処分によって公権が行政財産につき設定される場合にも許可を要する旨を念のため規定したものである」（逐条農地法48頁）。

Q78〔通行地役権の設定〕
農地である1筆の土地全部に通行を目的とする地役権を設定する場合には、農地法所定の許可を要するか

農地法の許可除外事由であり、農地法所定の許可を要しない（農地3①十六・5①七、農地規15七・53十一）。

memo.　農地、採草放牧地に電線路の施設を目的とする地役権を設定する場合には、登記申請情報に地役権設定の目的として「電線の支持物の設置を除く電線路の施設」と記載し、その申請には農地法の許可書を提供することを要しない［農地法3条の「その他の使用及び収益を目的とする権利」に当該地役権は含まれない。］（昭31・8・4民甲1772）。

Q79〔電線路地役権・地上権の設定〕
電気事業法に規定する電気事業者が、農地に電線路の施設を目的とする地役権又は地上権を設定するためには、農地法所定の許可を要するか

担保権・地役権・区分地上権の設定

94 ２ 農地等の権利移動

担保権・地役権・区分地上権の設定

Q80 〔区分地上権設定〕

区分地上権設定の許可申請について、農地法3条2項の定めにより許可できない場合に該当しても、例外的に許可されることがあるか

(1) 例外的許可

民法269条の2第1項の地上権(区分地上権)又はこれと内容を同じくするその他の権利が設定され又は移転されるときにおいて、農地法3条2項1号〜7号の不許可基準に該当する場合であっても、例外的に許可が可能とされている(農地3②)。

(2) 区分地上権等の設定等の許可基準

民法269条の2第1項の地上権又はこれと内容を同じくするその他の権利の設定又は移転については、その権利の設定又は移転を認めてもその権利の設定又は移転に係る農地等及びその周辺の農地等に係る営農条件に支障を生ずるおそれがなく、かつ、その権利の設定又は移転に係る農地等をその権利の設定又は移転に係る目的に供する行為の妨げとなる権利を有する者の同意を得ていると認められる場合に限り許可するものとする(処理基準別紙1第3・2(1))。

`memo.` 地下又は空間の一部に工作物を所有するため、上下の範囲を定めて地上権(区分地上権)の目的とすることができる場合の工作物としては、電線路、隧道、用排水路等がある。

2　農地等の権利移動　95

地目が農地である土地につき所有権移転登記手続を命ずる判決に基づいて登記の申請をする場合において、その判決の理由中に農地法所定の許可がされている旨の認定がされているときは、所有権移転登記の申請で農地法所定の許可書を提供することを要しない（平6・1・17民三373）。執行文の付与も要しない（判決による不動産登記の理論と実務80頁）。

Q81〔判決書に許可取得の認定あり〕
農地の所有権移転登記手続を命ずる判決に農地法所定の許可がされている旨の認定がある場合、登記の申請には農地法の許可書を提供すべきか

(1)　判決の理由中に、当該土地が現に農地又は採草放牧地以外の土地であって、農地法3条又は5条の規定による権利移動の制限の対象ではない旨の認定がされているときは、所有権移転登記の申請に先立って地目変更の登記をすることを要する（平6・1・17民三373、昭31・2・28民甲431参照）。
(2)　登記記録上農地である土地につき所有権移転登記手続を命ずる判決を得た場合において、判決理由中に当該土地が宅地である旨認定されているときは、登記の申請情報に、農地でないことを証する情報を別に提供することを要しない。調停、調停に代わる裁判、裁判上の和解の場合においても同様である（昭22・10・13民甲840）。

Q82〔判決書に非農地の認定あり〕
農地の所有権移転登記手続を命ずる判決に現況は非農地である旨の認定がある場合、登記手続はどのようにすべきか

判決・調停等

memo.1　農地から非農地への地目変更登記がされている場合は、登記記録に記録されている地目変更登記の原因及びその日付をもって所有権移転登記申請の登記原因及びその日付とする（判決による不動産登記の理論と実務81頁参照）。
memo.2　所有権移転登記を申請する場合に、登記記録の記載から農地法3条又は5条の許可を要すると認められる場合には、必ずこの許可のあったことの書面を提供することを要し、

判決・調停等	この書面に代え、農地法3条に該当しない旨の証明書が提供されているときは受理すべきでない（昭31・2・28民甲431）。
Q83〔代位による地目変更登記の申請〕 Q82の原告は、所有権移転登記の申請をする前提として代位により地目変更登記の申請をすることができるか	所有権移転登記手続を命ずる判決を得た原告は、現在の所有権登記名義人（被告）に代位して（不登59七）、地目変更登記を単独で申請することができる（判決による登記の基礎8頁以下）。 memo. 現況は山林であるが登記記録上の地目が農地である土地を市町村が買収した場合に、市町村は、代位により農地を山林とする地目変更登記を申請することができる（登研554・133）。
Q84〔農地法許可の認定がない判決〕 判決で、農地であるが農地法許可を受けている旨の認定がないまま所有権移転登記手続を命じている場合、登記手続はどのようにすべきか	判決理由中に、農地であるが農地法所定の許可を受けている旨の認定がないまま所有権移転登記手続を命じている場合、所有権移転の効力が生じているか否かは当該判決からだけでは明らかでないことから、農地法所定の許可書の提供を要する（不動産登記実務の視点Ⅲ56頁）。 memo. 農地の所有権移転の効力は、農地売買契約後に許可があった場合には許可書が当事者に到達した日に生じる（昭35・10・6民甲2498）。また、農地法5条の許可書に権利を移転しようとする時期が記載されている場合であっても、農地売買契約がその記載日よりも後である場合には、所有権移転の日は売買契約の日である（農地法3条の事案として、登研494・123参照）。
Q85〔農地法の許可を条件とする判決〕 農地法所定の許可を条件とする所有権移転登記手続を命じ	(1) 農地法の許可と執行文 本例は、売買契約は締結されたが、農地法5条1項本文の許可申請をすることに売主（登記義務者・被告）が協力しない場合に、買主

2 農地等の権利移動　97

（登記権利者・原告）が売主に対して、農地法5条1項本文の許可申請をすること及び所有権移転登記手続をすることを判決で求める事例である。

る判決が確定した場合の登記手続は

＜主文の例＞

1. 被告は、原告に対し、別紙目録記載の土地について、○県知事に対して農地法第5条第1項本文の規定による所有権移転の許可の申請手続をせよ。

2. 被告は、原告に対し、前項の許可があったときは、同項の土地について、同項の許可の日を原因とする所有権移転登記手続をせよ。

　上記のような判決が確定した場合には、次の手順により登記の申請をする。

① 売主に対する農地法5条の許可申請手続を命じる判決が確定した場合には、買主は、単独で、その許可申請手続をすることができる（農地規10①二）。

② 買主が○県知事の許可を条件とする所有権移転登記申請手続を命ずる確定判決により登記を申請するためには、その許可があったことを証する書面を事件記録を保存する裁判所書記官に提出して執行文の付与を求める（民執26①・27①）。執行文が付与された時に、売主（登記義務者・被告）の登記申請の意思表示があったものとみなされ（民執174①ただし書）、買主（登記権利者・原告）は、単独で、所有権移転登記の申請をすることができる（不登63①）。

　買主が確定判決に基づき単独で農地法所定の許可を申請したとしても、所有権移転登記の登記原因証明情報として提供された当該判決書正本では農地法所定の許可があ

判決・調停等

98 2 農地等の権利移動

判決・調停等

ったか不許可であったかは判明しないので、執行文の付与を受ける必要がある。

(2) 登記原因証明情報

本例における登記原因証明情報（不登61）としては、執行文が付与された判決書正本が該当する（不登令7①五ロ(1)、昭48・11・16民三8527、調停調書の事案として昭40・6・19民甲1120）。農地法の許可書は、提供する必要がない（昭21・9・3民甲569）。

なお、都道府県知事の許可を条件として所有権移転登記手続を命ずる判決が確定した後に、当該土地の地目が農地から宅地に変更されている場合の取扱いについては**Q86**参照。

`memo.` 判決による登記（不登63①）の申請における登記原因証明情報は、執行力のある確定判決の判決書の正本（裁判上の和解調書の正本、調停調書の正本等執行力のある確定判決と同一の効力を有するものの正本を含む。）とされている（不登令7①五ロ(1)）から、判決書の謄本は登記原因証明情報とならない。強制執行は、執行文の付された債務名義の正本に基づいて実施される（民執25）。

Q86〔判決後に非農地化〕

都道府県知事（又は農業委員会）の許可を条件として、所有権移転登記手続を命じる判決確定後に、対象土地が農地から非農地となった場合の登記手続は

農地法上の都道府県知事（又は農業委員会）の許可を条件として所有権移転登記手続を命ずる判決が確定した後に、当該土地が農地から宅地に地目変更登記がされている場合であっても、執行文の付与を受けなければ、単独で、当該判決に基づく所有権移転登記を申請することはできない（昭48・11・16民三8527、登研562・133、水戸地判昭37・2・1訟月8・4・630）（→ `memo.` ）。判決が都道府県知事（又は農業委員会）の許可

② 農地等の権利移動　99

を条件として所有権移転登記手続を命じている
から、執行文の付与があった時に登記義務者の
登記申請の意思表示が擬制されることになる
（民執174①ただし書）。

memo.　判決確定後に対象土地が農地から
非農地となった場合には、農業委員会の許可手
続の対象外の土地となったので、農業委員会の
許可がなくても所有権移転の効果が発生するこ
ととなるから、執行文の付与（民執174①ただし
書）を受けることなく、判決による登記手続を
することが認められる、という見解がある（民
事訴訟と不動産登記一問一答311頁）。

判決・調停等

主な例は次のとおり。
(1)　農事調停
　　民事調停法による農事調停によって農地
　の所有権が移転される場合は、農地法許可
　の除外事由であり（農地3①十）、農地法所定
　の許可書の提供を要しない。
(2)　財産分与
　　財産分与の調停（家事244・別表2四）に基
　づく所有権の移転は農地法許可の除外事由
　であり（農地3①十二）、農地法所定の許可書
　の提供を要しない。**Q13**(2)③参照。
(3)　遺産分割
　　遺産分割は農地法許可の除外事由であり
　（農地3①十二）、調停の存否は無関係である。
　農地法所定の許可書の提供を要しない。

memo.　遺産分割の家事調停において、相続
人から相続放棄者（利害関係人）に対し農地を
贈与する旨の調停成立があっても、この権利移
転は、遺産分割による場合に当たらない。また
家事調停と農事調停は異なるから、これにつき

Q87〔調停と農地法許可の要否〕
調停に基づく農地等の所有権
移転登記の申請には、農地法
所定の許可書の提供を要する
か

100　2　農地等の権利移動

判決・調停等

知事の許可を必要とする（最判昭37・5・29判時301・22）。

Q88〔農事調停と執行文の要否〕
民事調停法による農事調停によって農地の所有権移転登記をする場合は、執行文の付与を要するか

民事調停法による農事調停によって農地の所有権が移転され、その所有権移転登記手続条項がある場合には、その所有権移転について農地法3条1項の許可は要しない（農地3①十）。したがって、執行文の付与という問題は生じない。

3 農地法3条の許可・届出　101

(1)　農業委員会の許可を要する権利移動

　　次の表に掲げる権利の設定又は移転をする場合には、原則として、政令（農地令1［許可手続]）で定めるところにより、当事者（→ **memo.** ）が、許可を受けようとする農地又は採草放牧地の所在地を管轄する農業委員会の許可を受けなければならない（農地3①本文、事務処理要領別紙1第1・1(1)）。

Q89〔農地法3条の権利移動の制限〕
　農地法3条1項は、どのような権利について権利移動の制限をしているか

［制限の対象となる権利]

許可を要する土地	制限の対象となる権利の種類
農地又は採草放牧地	①　所有権の移転 ②　地上権、永小作権、質権、使用貸借による権利、賃借権若しくはその他の使用及び収益を目的とする権利を設定し、若しくは移転する場合
	農地法3条の制限の対象となる権利の設定又は移転には、私法上の契約に基づくものばかりでなく、競売、公売、遺贈等の単独行為、公法上の契約及び行政処分に基づくものも、全て含まれる（処理基準別紙1第3・1）。

　農地法3条1項本文の農業委員会の許可が必要なのは、①農地を農地のままで移転し、又は採草放牧地を採草放牧地のままで、あるいは採草放牧地を農地として使用するために、所有権を移転し、又は、②地上権、永小作権、質権、使用貸借による権利、賃借権若しくはその他の使用及び収益を目的とする権利を設定し、若しくは移転する行為についてである。

農地法3条1項の許可

③ 農地法3条の許可・届出

農地法3条1項の許可

［農地法3条許可・5条許可］

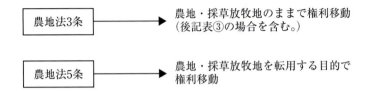

	権利の種類	権利移動の形態	農地法
①	所有権移転、賃借権設定等(注1)	農地→農地	3①本文
②	所有権移転、賃借権設定等	採草放牧地→採草放牧地	3①本文
③	所有権移転、賃借権設定等	採草放牧地→農地	3①本文
④	所有権移転、賃借権設定等	農地→採草放牧地(注2)	5①本文

(注1) 「賃借権設定等」とは、前掲［制限の対象となる権利］の表中②の場合をいう。

(注2) 農地を採草放牧地にするための権利移動は、農地法3条1項ではなく、農地法5条1項の許可対象となる。

(2) 都道府県知事の許可の廃止

改正農地法（平成23年法律105号）が平成24年4月1日に施行される前の農地法3条1項は、「当事者が農業委員会の許可（これらの権利を取得する者（政令で定める者を除く。）がその住所のある市町村の区域の外にある農地又は採草放牧地について権利を取得する場合その他政令で定める場合には、都道府県知事の許可）を受けなければならない。」としていた。

平成24年4月1日施行の改正農地法は、農地法3条1項の規定による都道府県知事の許可については廃止し、すべて農業委員会の許可とした。

③ 農地法3条の許可・届出　103

(3)　農業委員会の許可除外事由

　　Q90に掲げる場合は、農地法3条の農業委員会の許可を要しない（農地3①ただし書）。

memo.　農地法3条の許可申請書は、当事者（許可を受けようとする者）が連署する（農地令1、農地規10①）。当事者とは、例えば、売買の場合は売主及び買主であり、賃貸借の場合は賃貸人及び賃借人である（逐条解説農地法78頁）。

次のいずれかに該当する場合は、農地法3条1項の許可を要しない（農地3①ただし書）。

①　農地を農地以外のものにするため又は採草放牧地を採草放牧地以外のもの（農地を除く。）にするため（農地等の転用をするため）、これらの土地について農地法3条1項本文に掲げる権利を設定し、又は移転する場合に、当事者が農地法5条1項に規定する都道府県知事等（→ **memo.**）の許可を受ける場合（農地5①本文）

②　農地法46条1項又は47条の規定［農林水産大臣による農地等の売払い］によって所有権が移転される場合

③　遊休農地等にいて農地法37条から40条までの規定によって農地中間管理権（農地中間管理事業の推進に関する法律2条5項に規定する農地中間管理権をいう。）が設定される場合

④　所有者の確知ができない遊休農地等にいて、農地中間管理機構に農地法41条の規定によって同条1項に規定する利用権が設定される場合

⑤　農地法3条1項本文に定める権利を取得する者が、国又は都道府県である場合

　　市町村は許可を得ることが必要（許可できる場合→地方公共団体（都道府県を除く。）が

Q90〔農地法等が定める許可除外事由〕

農地の権利移動について農地法3条1項、その他の法律及び判例で認める許可除外事由を示せ

農地法3条1項の許可

その権利を取得しようとする農地又は採草放牧地を公用又は公共用に供すると認められること（農地令2①一ロ））。

⑥　土地改良法、農業振興地域の整備に関する法律、集落地域整備法又は市民農園整備促進法による交換分合によってこれらの権利が設定され、又は移転される場合

⑦　農業経営基盤強化促進法19条の規定による公告があった農用地利用集積計画の定めるところによって同法4条4項1号の権利が設定され、又は移転される場合

⑧　農地中間管理事業の推進に関する法律18条5項の規定による公告があった農用地利用配分計画の定めるところによって賃借権又は使用貸借による権利が設定され、又は移転される場合

⑨　特定農山村地域における農林業等の活性化のための基盤整備の促進に関する法律9条1項の規定による公告があった所有権移転等促進計画の定めるところによって同法2条3項3号の権利が設定され、又は移転される場合

⑩　農山漁村の活性化のための定住等及び地域間交流の促進に関する法律8条1項の規定による公告があった所有権移転等促進計画の定めるところによって同法5条8項の権利が設定され、又は移転される場合

⑪　農林漁業の健全な発展と調和のとれた再生可能エネルギー電気の発電の促進に関する法律17条の規定による公告があった所有権移転等促進計画の定めるところによって同法5条4項の権利が設定され、又は移転される場合

⑫　民事調停法による農事調停によって農地法3条1項本文に掲げる権利が設定され、又は移転される場合

⑬　土地収用法その他の法律によって農地若し
くは採草放牧地又は農地法3条1項本文に掲げ
る権利が収用され、又は使用される場合

⑭　遺産の分割、民法768条2項（同法749条及び
771条において準用する場合を含む。）の規定
による財産の分与に関する裁判若しくは調停
又は同法958条の3の規定による相続財産の分
与に関する裁判によって、農地法3条1項本文
に掲げる権利が設定され、又は移転される場
合

⑮　農地利用集積円滑化団体又は農地中間管理
機構が、農林水産省令（農地規12①）で定める
ところによりあらかじめ農業委員会に届け出
て、農地売買等事業（農業経営基盤強化促進
法4条3項1号ロに掲げる事業をいう。）又は同
法7条1号に掲げる事業の実施により農地法3
条1項本文に掲げる権利を取得する場合

⑯　農業協同組合法10条3項の信託の引受けの
事業又は農業経営基盤強化促進法7条2号に掲
げる事業（信託事業）を行う農業協同組合又
は農地中間管理機構が信託事業による信託の
引受けにより所有権を取得する場合及び当該
信託の終了によりその委託者又はその一般承
継人が所有権を取得する場合

⑰　農地中間管理機構が、農林水産省令（農地
規12②）で定めるところによりあらかじめ農
業委員会に届け出て、農地中間管理事業（農
地中間管理事業の推進に関する法律2条3項に
規定する農地中間管理事業をいう。）の実施
により農地中間管理権を取得する場合

⑱　農地中間管理機構が引き受けた農地貸付信
託（農地中間管理事業の推進に関する法律2
条5項2号に規定する農地貸付信託をいう。）
の終了によりその委託者又はその一般承継人

が所有権を取得する場合

⑲　地方自治法252条の19第1項の指定都市が古都における歴史的風土の保存に関する特別措置法19条の規定に基づいてする同法11条1項の規定による買入れによって所有権を取得する場合

⑳　農林水産省令（農地規15）で定める次の場合

㋐　農地法45条1項の規定により農林水産大臣が管理することとされている農地又は採草放牧地の貸付けにより、同法3条1項本文に掲げる権利が設定される場合

㋑　土地収用法、都市計画法又は鉱業法による買受権に基づいて農地又は採草放牧地が取得される場合

㋒　農地法47条の規定による売払いに係る農地又は採草放牧地について、その売払いを受けた者がその売払いに係る目的に供するため同法3条1項の権利を設定し、又は移転する場合

㋓　株式会社日本政策金融公庫（以下「公庫」という。）が、公庫のための抵当権の目的となっている農地又は採草放牧地を競売又は国税徴収法による滞納処分（その例による滞納処分を含む。）による公売によって買い受ける場合

㋔　包括遺贈又は相続人に対する特定遺贈により、農地法3条1項の権利が取得される場合

㋕　都市計画法56条1項又は57条3項の規定によって市街化区域（同法7条1項の市街化区域と定められた区域（同法23条1項の規定による協議を要する場合にあっては、当該

協議が調ったものに限る。）をいう。）内に
ある農地又は採草放牧地が取得される場合
㋖　電気事業法2条1項17号に規定する電気事
業者（同項3号に規定する小売電気事業者
を除く。以下「電気事業者」という。）が送
電用若しくは配電用の電線を設置するた
め、又は同項15号に規定する発電事業者が
プロペラ式発電用風力設備のブレードを設
置するため民法269条の2第1項の地上権又
はこれと内容を同じくするその他の権利を
取得する場合
㋗　独立行政法人都市再生機構又は独立行政
法人中小企業基盤整備機構が国又は地方公
共団体の試験研究又は教育に必要な施設の
造成及び譲渡を行うため当該施設の用に供
する農地又は採草放牧地を取得する場合
㋘　電気通信事業法120条1項に規定する認定
電気通信事業者が有線電気通信のための電
線を設置するため民法269条の2第1項の地
上権又はこれと内容を同じくするその他の
権利を取得する場合
㋙　国有財産法28条の2第1項の規定による信
託（農地若しくは採草放牧地を農地及び採
草放牧地以外のものにして売り渡すこと又
は農地若しくは採草放牧地を農地及び採草
放牧地以外のものにするため売り渡すこと
により終了するものに限る。）の引受けに
よって市街化区域内にある農地又は採草放
牧地が取得される場合
㋚　成田国際空港株式会社が公共用飛行場周
辺における航空機騒音による障害の防止等
に関する法律9条2項又は特定空港周辺航空
機騒音対策特別措置法8条1項若しくは9条2

農地法3条1項の許可

項の規定により農地又は採草放牧地を取得
する場合

㋛　東日本大震災復興特別区域法4条1項に規
定する特定地方公共団体である市町村又は
大規模災害からの復興に関する法律10条1
項に規定する特定被災市町村が、東日本大
震災又は同法2条1号に規定する特定大規模
災害からの復興のために定める防災のため
の集団移転促進事業に係る国の財政上の特
別措置等に関する法律3条1項に規定する集
団移転促進事業計画に係る同法2条1項に規
定する移転促進区域内にある農地又は採草
放牧地を、当該集団移転促進事業計画に基
づき実施する同条第2項に規定する集団移
転促進事業により取得する場合

㋜　独立行政法人水資源機構が水路を設置す
るため民法269条の2第1項の地上権又はこ
れと内容を同じくするその他の権利を取得
する場合

㉑　農地法以外の法律の規定による許可不要例
㋐　特定農地貸付けに関する農地法等の特例
に関する法律4条1項の規定による場合
㋑　市民農園整備促進法11条1項の規定によ
る場合

㉒　判例が認める許可不要例
㋐　相続分の譲渡（最判平13・7・10判時1762・
110)
　　「共同相続人間においてされた相続分の
譲渡に伴って生ずる農地の権利移転につい
ては、農地法3条1項の許可を要しない」。
㋑　時効取得（最判昭50・9・25判時794・66)
　　「農地法3条による都道府県知事等の許
可の対象となるのは、農地等につき新たに

所有権を移転し、又は使用収益を目的とする権利を設定若しくは移転する行為にかぎられ、時効による所有権の取得は、いわゆる原始取得であって、新たに所有権を移転する行為ではないから、右許可を受けなければならない行為にあたらない」。

Ⓦ　契約解除・契約取消し（最判昭38・9・20判時354・27）

「農地法3条は、農地その他について新たに所有権又は使用権を取得せんとする者に、所有権又は使用権を取得せしめることが、同法1条の目的に適合するかどうかの判定を都道府県知事或は農業委員会に委ねた規定と解されるところ、売買契約の解除は、その取消の場合と同様に、初めから売買のなかった状態に戻すだけのことであって、新たに所有権を取得せしめるわけのものではないから、農地法3条の関するところではないというべきである」。

memo.　都道府県知事等＝農地法所定の許可権者が、都道府県知事、又は、農地若しくは採草放牧地の農業上の効率的かつ総合的な利用の確保に関する施策の実施状況を考慮して農林水産大臣が指定する市町村の区域内にあっては、指定市町村の長をいう（農地4①）。

(1)　効力の不発生

農地法3条1項の許可を受けないでした行為は、その効力を生じない（農地3⑦）。農地法3条1項の許可は、農地の権利の設定・移転の効力発生要件である。判例は、「農地の売買は、公益上の必要にもとづいて、知事［現行・農業委員会］の許可を必要とせられてい

Q91　〔許可の効果〕

農地法3条1項の許可を受けないでした行為の効力はどうなるか

農地法3条1項の許可

110   3   農地法3条の許可・届出

農地法3条1項の許可

るのであって、現実に知事〔現行・農業委員会〕の許可がない以上、農地所有権移転の効力は生じないものであることは農地法3条の規定するところにより明らか」としている（最判昭36・5・26判時262・17）。

農地法3条許可を受けないでした農地の売買契約は、その許可を法定条件として成立し、許可があればそのときから将来に向って効力を生ずるが、許可のあるまではその効力は生じない（最判昭37・5・29民集16・5・1226）。

(2)　売買契約の債権的効力の発生

前掲(1)のいずれの判例も、許可のあるまでは農地の所有権移転の効力は生じないとするが、それは売買契約が何ら効力を生じないという意味ではなく、債権的効力は一定の範囲で発生しており、ただ、許可があるまでは、所有権移転等の効力は生じていないということを意味するものと解されている（逐条農地法84頁）。

判例は「農地の売買は知事の許可がないかぎり所有権移転の効力を生じないけれども、該契約はなんらの効力をも有しないものではなく、特段の事情のないかぎり、売主は知事〔現行・農業委員会〕に対し所定の許可申請手続をなすべき義務を負担し、もしその許可があったときは買主のため所有権移転登記手続をなすべき義務を負担するに至るものと解するのが相当である」としている（最判昭43・4・4判時521・47）。

Q92〔所有権移転の効力発生日〕
農地売買につき農地法3条1項

(1)　売買契約成立後に許可書到達

農地法3条1項の許可を受ける前に農地法3

3 農地法3条の許可・届出

条1項の許可を停止条件として売買契約をし、その後に許可があった場合には、許可書が当事者に到達した日に所有権移転の効力が生じる。この効力発生日が所有権移転登記の登記原因日付となる（昭32・4・2民甲667、昭35・10・6民甲2498、不動産登記実務の視点Ⅴ25頁）。

なお、所有権移転の時期を売買代金の完済時とする特約がある場合は、農地法の許可書が到達した後、売買代金が完済された時に所有権が移転する（登記記録例571(注)1参照）。

の許可があった場合、所有権移転の効力発生日はいつか

農地法3条1項の許可

［契約後に許可書到達・効力発生日］

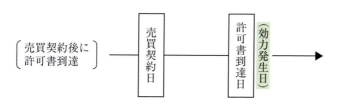

(注) 所有権移転の時期について売主・買主間で特約がある場合は、その特約に従う。

(2) 許可書到達後に売買契約成立

農地法3条1項の許可書が当事者に到達した後に売買契約をした場合には、売買契約が成立した日に所有権移転の効力が生じる。この効力発生日が所有権移転登記の登記原因日付となる（不動産登記実務の視点Ⅴ24頁・25頁）。

なお、農地法3条1項の許可書に権利を移転しようとする時期が記載されている場合であっても、農地売買契約がその記載日よりも後である場合には、所有権移転の日は売買契約の日である（登研494・123参照）。

3 農地法3条の許可・届出

農地法3条1項の許可

［許可書到達後に契約・効力発生日］

```
      許可書到達日        売買契約日 ⟨効力発生日⟩
```

```
 ┌許可書到達後┐  ─────────────────────▶
 └に売買契約 ┘
```

(注) 所有権移転の時期について売主・買主間で特約がある場合は、その特約に従う。

memo. 民法は、原則として、意思表示が相手方に到達したときに、意思表示の効力を生ずるとしている（到達主義（民97①））。なお、民法97条1項は「隔地者に対する意思表示は、その通知が相手方に到達した時からその効力を生ずる。」としているが、改正民法は「隔地者に対する」という文言を削除し、「意思表示は、その通知が相手方に到達した時からその効力を生ずる。」としている（改正民97①）。

Q93〔3条許可の所有権移転登記の申請情報等〕
農地法3条1項の許可があったことによる所有権移転登記の申請情報・添付情報を示せ

登　記　申　請　書

登記の目的　　所有権移転
原　　　因　　平成○年○月○日売買　❶

③ 農地法3条の許可・届出　113

```
権 利 者　　○市○町○丁目○番地　　［買主］
　　　　　　　B
義 務 者　　○市○町○丁目○番地　　［売主］
　　　　　　　A
添 付 情 報　❷
　　　　　　登記原因証明情報　登記識別情報　印鑑証明書
　　　　　　住所証明情報　農地法許可書　代理権限証明情報
（以下省略）
```

❶　農地の売買契約締結後に農地法3条1項の許可書が売買当事者に到達した場合は、その到達の日に売買契約の効力が生ずるから、その日を所有権移転登記の登記原因の日とする（昭35・10・6民甲2498）。農地法3条1項の許可後に売買契約がされた場合は、契約の時に所有権移転の効力が生じるから、契約の日を所有権移転の登記原因の日とする。なお、農地法3条1項の許可後において所有権が移転する時について特約があるときは（例：売買代金の完済があった時）、その定めに従う。

❷① 登記原因証明情報（不登61）
　　　後掲に例示。
② 登記義務者の登記識別情報（不登22本文）
③ 登記義務者の印鑑証明書（不登令18）
④ 登記権利者の住所証明情報（不登令別表30項添付情報欄ロ）
⑤ 農地法3条1項の許可書（不登令7①五ハ）
⑥ 代理権限証明情報（不登令7①二）
　　　代理人によって登記を申請するときは、委任状を提供する。

＜登録免許税＞

　　課税価格の1,000分の20（登税別表1・1・（二）ハ）。

　　ただし、平成25年4月1日から平成31年3月31日までの間に、土地の売買による所有権移転登記を受ける場合は、課税価格の1,000分の15（租特72①）。100円未満は切捨て（税通119①）。

農地法3条1項の許可

〔所有権移転の日について特約がある所有権移転登記の登記原因証明情報例〕

登記原因証明情報

1　登記申請情報の要項
　(1)　登記の目的　　所有権移転
　(2)　登記の原因　　平成○年○月○日売買　（注1）
　(3)　当　事　者　　権利者　○市○町○丁目○番地［買主］
　　　　　　　　　　　　　　　　　　　　B
　　　　　　　　　　　義務者　○市○町○丁目○番地［売主］
　　　　　　　　　　　　　　　　　　　　A
　(4)　不動産の表示　　（省略）
2　登記の原因となる事実又は法律行為
　(1)　平成○年○月○日、買主B（以下「買主」という。）と売主A（以下
　　　「売主」という。）は、本件不動産について売買契約を締結した。　（注
　　　2）
　(2)　(1)の売買契約には、本件不動産の所有権は、農地法第3条第1項の規
　　　定による許可書が買主及び売主に到達した後において、買主が売主に
　　　対し売買代金の全額を支払った時に移転する旨の特約がある。　（注
　　　3）
　(3)　平成○年○月○日、当事者は農地法第3条第1項の許可を得、平成○
　　　年○月○日、当事者に許可書が到達した。　（注4）
　(4)　平成○年○月○日、(1)の売買契約に基づき買主は売主に対し売買
　　　代金の全額を支払い、売主はこれを受領した。　（注5）
　(5)　よって、平成○年○月○日、売主から買主に本件不動産の所有権が
　　　移転した。　（注6）
　（以下省略）

（注1）　所有権が移転した日を記載する。申請情報の❶参照。
（注2）　売買契約を締結した日を記載する。
（注3）　所有権移転の時期について特約があることを記載する。

（注4）　農地法3条1項の許可があった日、及び同許可書が当事者に到達した日を記載する。

（注5）　(2)の特約が履行された日を記載する。

（注6）　(2)の特約が履行されたことにより所有権が移転した日（（注1）と同一日）を記載する。

3 農地法3条の許可・届出

市街化区域内の農地等

Q94〔市街化区域内の所有権移転〕

市街化区域内の農地又は採草放牧地を売買により所有権移転するためには、農地法上、どのような手続をするべきか

(1) 権利移動制限の例外

都市計画法56条1項［都道府県知事等による土地の買取り］又は57条3項［都道府県知事等と届出をした者との売買の成立］の規定によって、市街化区域（同法7条1項の市街化区域と定められた区域（同法23条1項の規定による協議を要する場合にあっては、当該協議が調ったものに限る。）をいう。）内にある農地又は採草放牧地を取得する場合には、農地法3条1項の許可が不要である（農地3①十六、農地規15六）。

(2) 農地法の許可

前記(1)以外の市街化区域内の農地又は採草放牧地の所有権の取得については、農地法3条1項の「許可」が必要である。農地法5条1項の場合における市街化区域内の「届出」と異なる。

memo. ＜市街化区域内農地等の取得と農地法3条・5条の相違＞

農地法3条1項	市街化区域内の農地・採草放牧地	許可不要	都市計画法56条1項［都道府県知事等による土地の買取り］又は57条3項［都道府県知事等と届出をした者との売買の成立］の規定によって市街化区域（同法7条1項の市街化区域と定められた区域（同法23条1項の規定による協議を要する場合にあっては、当該協議が調ったものに限る。）をいう。）内にある農地又は採草放牧地が取得される場合（農地3①十六、農地規15六）。
		許可要	上欄以外の市街化区域内の農地又は採草放牧地の取得については、農地法3条1項の許可を要する（農地3①本文）。5条の場合と異なり、「届出」ではなく「許可」である。
農地法		届出要	市街化区域内にある農地又は採草放牧地につき、あらかじめ農業委員会に届け出て、農地及び採草放牧地以外のもの

| 5条1項 | | にするためこれらの所有権等（農地3①本文）の権利を取得する場合（農地5①六）。 |

○都市計画法56条1項（土地の買取り）

都道府県知事等（都市計画法55条4項の規定により、土地の買取りの申出の相手方として公告された者があるときは、その者）は、事業予定地内の土地の所有者から、同条1項本文の規定により建築物の建築が許可されないときはその土地の利用に著しい支障を来すこととなることを理由として、当該土地を買い取るべき旨の申出があった場合においては、特別の事情がない限り、当該土地を時価で買い取るものとする。

○都市計画法57条3項（土地の先買い等）

前項［都市計画法57条2項］の規定による届出があった後30日以内に都道府県知事等が届出をした者に対し届出に係る土地を買い取るべき旨の通知をしたときは、当該土地について、都道府県知事等と届出をした者との間に届出書に記載された予定対価の額に相当する代金で、売買が成立したものとみなす。

市街化区域内の農地等

仮登記	**Q95〔3条仮登記の種類〕** 　農地の買主は、農地法所定の許可前に所有権移転を受ける権利を保全することができるか	Q116参照。
	Q96〔3条仮登記の申請情報・添付情報〕 　農地法3条の許可を条件とする農地売買の所有権移転仮登記の申請情報・添付情報を示せ	Q118参照。

4 農地法4条の許可・届出　119

(1) 規制の対象土地

　　農地法4条は、農地の所有者自身が農地を農地以外のものにする行為（自己転用）について規制する。「農地を農地以外のもの」にする者は、原則として、都道府県知事又は指定市町村長（→ memo. ）の許可を受けなければならない（農地4①本文）。

　　自己転用で採草放牧地を採草放牧地以外のものにする行為は、農地法では規制されていない。採草放牧地を農地とするための権利移動は、農地法3条で処理される。

(2) 農地の転用

　　農地の転用とは、人為的に農地を農地以外のものとする事実行為をいう（農地法読本231頁）。例えば、農地を宅地、道路、駐車場等他の用途に転換する行為が該当する。洪水、地震等の自然現象により農地が農地以外になる場合は、農地法上の転用には当たらない。

　　農地法4条1項は、農地の所有権移転等の権利移動（農地法3条1項本文に掲げる権利の移動）を伴わないで、農地を農地以外のものにする者に対する規制であり自己転用ともいう。「農地を農地以外のものにする者」とは、およそ農地を農地以外のものにする事実行為をなすすべての者をいう（「農地法の運用について」別添第2・1）。

(3) 農地法4条と5条の比較

　　農地法5条1項は、農地を農地以外のものにするため又は採草放牧地を採草放牧地以外のもの（農地を除く。）にするため、これらの土地について農地法3条1項本文に掲げる権利（所有権、賃借権等）を設定し、又は

Q97〔農地の転用〕

　農地法4条1項で定める農地の転用とは、どのようなことか

農地法4条1項の許可

4 農地法4条の許可・届出

農地法4条1項の許可

移転する場合の規制である。

　農地の転用を規制する農地法4条と5条の違いを比較すると、次の表のとおりである。

	転用行為	権利の種類
農地法4条	農地を農地以外のものにする行為。	自己転用（自己の農地を農地以外のものにする行為）であり、新たに権利を移転、設定する行為を伴わない。
		自己転用で採草放牧地を採草放牧地以外のものにする行為は、農地法では規制されていない。
農地法5条	(1)　農地を農地以外のものにする行為。 (2)　採草放牧地を採草放牧地以外のものにする行為（採草放牧地を農地にする場合は、農地法5条許可不要）。	農地法3条1項本文に掲げる次の権利の移転、設定について、都道府県知事等（→ memo.）の許可を受けなければならない。 ①　所有権の移転 ②　地上権、永小作権、質権、使用貸借による権利、賃借権若しくはその他の使用及び収益を目的とする権利を設定し、若しくは移転する場合

memo. ＜都道府県知事等の許可＞

農地を農地以外のものにする者は、都道府県知事（農地又は採草放牧地の農業上の効率的かつ総合的な利用の確保に関する施策の実施状況を考慮して農林水産大臣が指定する市町村（以下「指定市町村」という。）の区域内にあっては、指定市町村の長。以下「都道府県知事等」という。）の許可を受けなければならない（農地4①本文）。

Q98〔農地法が定める許可除外事由〕

農地を農地以外のものにする

次のいずれかに該当する場合は、都道府県知事等（→Q97 memo.）による農地法4条1項の許可を要しない（農地4①ただし書）。

① 農地法5条1項の許可に係る農地を、その許可に係る目的に供する場合

② 国又は都道府県等（都道府県又は指定市町村をいう。以下同じ。）が、道路、農業用用排水施設その他の地域振興上又は農業振興上の必要性が高いと認められる施設であって農林水産省令（農地規25）で定めるものの用に供するため、農地を農地以外のものにする場合

③ 農業経営基盤強化促進法19条の規定による公告があった農用地利用集積計画の定めるところによって設定され、又は移転された同法4条4項1号の権利に係る農地を当該農用地利用集積計画に定める利用目的に供する場合

④ 特定農山村地域における農林業等の活性化のための基盤整備の促進に関する法律9条1項の規定による公告があった所有権移転等促進計画の定めるところによって設定され、又は移転された同法2条3項3号の権利に係る農地を当該所有権移転等促進計画に定める利用目的に供する場合

⑤ 農山漁村の活性化のための定住等及び地域間交流の促進に関する法律8条1項の規定による公告があった所有権移転等促進計画の定めるところによって設定され、又は移転された同法5条8項の権利に係る農地を当該所有権移転等促進計画に定める利用目的に供する場合

⑥ 土地収用法その他の法律によって収用し、又は使用した農地をその収用又は使用に係る目的に供する場合

⑦ 市街化区域（都市計画法7条1項の市街化区域と定められた区域（同法23条1項の規定による協議を要する場合にあっては、当該協議

について、農地法4条1項で定める許可除外事由を示せ

農地法4条1項の許可

4 農地法4条の許可・届出

農地法4条1項の許可

が調ったものに限る。）をいう。）内にある農地を、政令（農地令3①）で定めるところによりあらかじめ農業委員会に届け出て、農地以外のものにする場合

⑧ その他農林水産省令（農地規29）で定める次の場合

㋐ 耕作の事業を行う者がその農地をその者の耕作の事業に供する他の農地の保全若しくは利用の増進のため又はその農地（2アール未満のものに限る。）をその者の農作物の育成若しくは養畜の事業のための農業用施設に供する場合

㋑ 耕作の事業以外の事業に供するため、農地法45条1項の規定により農林水産大臣が管理することとされている農地の貸付けを受けた者が当該貸付けに係る農地をその貸付けに係る目的に供する場合

㋒ 農地法47条の規定による売払いに係る農地をその売払いに係る目的に供する場合

㋓ 土地改良法に基づく土地改良事業により農地を農地以外のものにする場合

㋔ 土地区画整理法に基づく土地区画整理事業若しくは土地区画整理法施行法3条1項若しくは4条1項の規定による土地区画整理の施行により道路、公園等公共施設を建設するため、又はその建設に伴い転用される宅地の代地として農地を農地以外のものにする場合

㋕ 地方公共団体（都道府県等を除く。）がその設置する道路、河川、堤防、水路若しくはため池又はその他の施設で土地収用法3条各号に掲げるもの（25条1号から3号までに掲げる施設又は市役所、特別区の区役所

若しくは町村役場の用に供する庁舎を除く。）の敷地に供するためその区域（地方公共団体の組合にあっては、その組合を組織する地方公共団体の区域）内にある農地を農地以外のものにする場合

㋖　道路整備特別措置法2条4項に規定する会社又は地方道路公社が道路の敷地に供するため農地を農地以外のものにする場合

㋗　独立行政法人水資源機構がダム、堰、堤防、水路若しくは貯水池の敷地又はこれらの施設の建設のために必要な道路若しくはこれらの施設の建設に伴い廃止される道路に代わるべき道路の敷地に供するため農地を農地以外のものにする場合

㋘　独立行政法人鉄道建設・運輸施設整備支援機構又は全国新幹線鉄道整備法9条1項の規定による認可を受けた者が鉄道施設（当該認可を受けた者にあっては、その認可に係るものに限る。以下同じ。）の敷地又は鉄道施設の建設のために必要な道路若しくは線路若しくは鉄道施設の建設に伴い廃止される道路に代わるべき道路の敷地に供するため農地を農地以外のものにする場合

㋙　成田国際空港株式会社が、成田国際空港の敷地若しくは当該空港の建設のために必要な道路若しくは線路若しくは当該空港の建設に伴い廃止される道路に代わるべき道路の敷地に供するため農地を農地以外のものにする場合又は航空法38条1項若しくは43条1項の規定による許可に係る航空法施行規則1条に規定する航空保安無線施設若しくは航空灯火（以下「航空保安施設」という。）の設置予定地とされている土地（以

農地法4条1項の許可

農地法４条１項の許可

下「航空保安施設設置予定地」という。）の区域内にある農地を航空保安施設を設置するため農地以外のものにする場合

㊭ 農地法5条1項6号の届出に係る農地をその届出に係る転用の目的に供する場合

㊲ 都市計画事業（都市計画法4条15項に規定する都市計画事業をいう。以下同じ。）の施行者が市街化区域内において同法56条1項、57条3項若しくは67条2項の規定によって又は同法68条1項の規定による請求によって取得された農地を都市計画事業により農地以外のものにする場合

㊴ 電気事業者が送電用若しくは配電用の施設（電線の支持物及び開閉所に限る。）若しくは送電用若しくは配電用の電線を架設するための装置又はこれらの施設若しくは装置を設置するために必要な道路若しくは索道（以下「送電用電気工作物等」という。）の敷地に供するため農地を農地以外のものにする場合

㊵ 地方公共団体（都道府県を除く。）、独立行政法人都市再生機構、地方住宅供給公社、土地開発公社（公有地の拡大の推進に関する法律に基づく土地開発公社をいう。以下同じ。）、独立行政法人中小企業基盤整備機構又は国（国が出資の額の全部を出資している法人を含む。）若しくは地方公共団体が出資の額の過半を出資している法人（国又は都道府県が作成した地域開発に関する計画で農林水産大臣が指定するもの（以下「指定計画」という。）に従って工場、住宅又は流通業務施設の用に供される土地の造成の事業をその主たる事業として行うもの

に限る。）で農林水産大臣が指定するもの（以下「指定法人」という。）が市街化区域（指定法人にあっては、指定計画に係る市街化区域）内にある農地を農地以外のものにする場合

㋡ 独立行政法人都市再生機構が独立行政法人都市再生機構法18条1項各号に掲げる施設（以下「特定公共施設」という。）又はその施設の建設のために必要な道路若しくはその施設の建設に伴い廃止される道路に代わるべき道路の敷地に供するため農地を農地以外のものにする場合

㋣ 認定電気通信事業者が有線電気通信のための線路、空中線系（その支持物を含む。）若しくは中継施設又はこれらの施設を設置するために必要な道路若しくは索道の敷地に供するため農地を農地以外のものにする場合

㋤ 地方公共団体（都道府県を除く。）又は災害対策基本法2条5号に規定する指定公共機関若しくは同条6号に規定する指定地方公共機関が行う非常災害の応急対策又は復旧であって、当該機関の所掌業務に係る施設について行うもののために必要な施設の敷地に供するため農地を農地以外のものにする場合

㋥ ガス事業者（ガス事業法2条12項に規定するガス事業者をいう。）が、ガス導管の変位の状況を測定する設備又はガス導管の防食措置の状況を検査する設備の敷地に供するため農地を農地以外のものにする場合

⑨ その他法律の規定により許可を必要としない場合

＊ 市民農園整備促進法により認定を受けた開設者が認定計画に従って農地を市民農園施設として使用する場合には、農地法4条1項の許可があったものとみなされる（市民農園整備促進法11②）。

＊ 地域資源を活用した農林漁業者等による新事業の創出等及び地域の農林水産物の利用促進に関する法律に基づき認定総合化事業計画又は認定研究開発・成果利用事業計画に従って転用する場合は、農地法4条1項又は5条1項の許可があったものとみなされる（地域資源を活用した農林漁業者等による新事業の創出等及び地域の農林水産物の利用促進に関する法律12①②）。

Q99〔許可権限庁〕
農地法4条1項の許可を受ける許可権限庁は、どこか

(1)　都道府県知事等の許可

　　農地法4条1項ただし書に掲げる農地法所定の許可を得ることを要しない場合（→Q98）を除き、農地を農地以外のものにする者（→ memo.1 ）は、次の表に掲げる許可権限庁の許可を受けなければならない（農地4①柱書本文）。

	許可権限庁
原　則	都道府県知事等（→ memo.2 ）の許可。
農林水産大臣に協議	都道府県知事等は、当分の間、次に掲げる場合には、あらかじめ、農林水産大臣に協議しなければならない（農地附則②一・二）。 ①　同一の事業の目的に供するため4ヘクタールを超える農地を農地以外のものにする行為（農村地域への産業の導入の促進等に関する法律その他の地域の開発又は整備に関する法律で政令で定めるものの定めるところに従って農地を農地以外のものにする行為で政令（農地令附則⑦）で定める要件に該当

するものを除く。）に係る農地法4条1項の許可をしようとする場合

② 同一の事業の目的に供するため4ヘクタールを超える農地を農地以外のものにする行為に係る農地法4条8項の協議を成立させようとする場合

(2) 農業委員会への委任

「都道府県は、都道府県知事の権限に属する事務の一部を、条例の定めるところにより、市町村が処理することとすることができる。この場合においては、当該市町村が処理することとされた事務は、当該市町村の長が管理し及び執行するものとする。」（自治252の17の2①〜条例による事務処理の特例制度）。

上記の事務処理の特例制度により、都道府県は農地転用許可事務を市町村の長に移譲することができ、さらに当該長は農地転用許可事務の権限を当該市町村の執行機関の1つである農業委員会に委任することができる（自治180の2）。

memo.1 「農地を農地以外のものにする者」とは、およそ農地を農地以外のものにする事実行為をなすすべての者をいう（「農地法の運用について」別添第2・1）。

memo.2 ＜都道府県知事等の許可＞
農地を農地以外のものにする者は、都道府県知事（農地又は採草放牧地の農業上の効率的かつ総合的な利用の確保に関する施策の実施状況を考慮して農林水産大臣が指定する市町村（以下「指定市町村」という。）の区域内にあっては、指定市町村の長。以下「都道府県知事等」という。）の許可を受けなければならない（農地4①本文）。

128　　4　農地法4条の許可・届出

農地法4条1項の許可

memo.3 市街化区域の農地を農地以外のものにする場合（→Q101）。

Q100〔地目変更と許可書の提供〕
地目が農地である土地を農地以外の土地に地目を変更する登記の申請には、転用許可書等を提供する必要があるか

Q140参照。

4 農地法4条の許可・届出　129

(1)　市街化区域とは

　　農地法4条1項7号に規定する「市街化区域」について、都市計画法は次のように定めている。

Q101〔市街化区域内の転用〕
市街化区域内の農地を農地以外のものに転用するためには、農地法上、どのような手続をするべきか

【都市計画法7条（区域区分）】

①　都市計画区域について無秩序な市街化を防止し、計画的な市街化を図るため必要があるときは、都市計画に、市街化区域と市街化調整区域との区分（以下「区域区分」という。）を定めることができる。ただし、次に掲げる都市計画区域については、区域区分を定めるものとする。
　一　次に掲げる土地の区域の全部又は一部を含む都市計画区域
　　イ　首都圏整備法第2条第3項に規定する既成市街地又は同条第4項に規定する近郊整備地帯
　　ロ　近畿圏整備法第2条第3項に規定する既成都市区域又は同条第4項に規定する近郊整備区域
　　ハ　中部圏開発整備法第2条第3項に規定する都市整備区域
　二　前号に掲げるもののほか、大都市に係る都市計画区域として政令（筆者注：都市計画法施行令3）で定めるもの
②　市街化区域は、すでに市街地を形成している区域及びおおむね10年以内に優先的かつ計画的に市街化を図るべき区域とする。
③　市街化調整区域は、市街化を抑制すべき区域とする。

---

(2)　農業委員会への届出

　　市街化区域内にある農地を農地以外のものに転用するためには、あらかじめ農業委員会に転用の届出をしなければならない。この場合には、農地法の許可申請は要しない（農地4①ただし書・七）。

　　農業委員会への転用届出の効力発生時期については**Q112**参照。

市街化区域内の届出

5 農地法5条の許可・届出

Q102〔農地法5条の権利移動の制限〕

農地法5条1項は、どのような権利について権利移動の制限をしているのか

農地を農地以外のものにするため又は採草放牧地を採草放牧地以外のもの（農地を除く。）にするため、これらの土地について、次の表に掲げる権利（農地法3条1項本文に掲げる権利）を設定し、又は移転する場合には、当事者（→ memo.2 ）が都道府県知事等（→ memo.3 ）の許可を受けなければならない。

許可を要する土地	制限の対象となる権利の種類
(1) 農地を農地以外のものにするため (2) 採草放牧地を採草放牧地以外のもの（農地を除く。）にするため	① 所有権を移転する場合 ② 地上権、永小作権、質権、使用貸借による権利、賃借権若しくはその他の使用及び収益を目的とする権利を設定し、若しくは移転する場合

memo.1 採草放牧地を農地とするための権利移動は、農地法5条ではなく、同法3条で処理される。

memo.2 農地法5条1項6号の許可申請書は、当事者（許可を受けようとする者）が連署する（農地令10①、農地規57の2①）。当事者とは、例えば、売買の場合は売主及び買主であり、賃貸借の場合は賃貸人及び賃借人である（逐条解説農地法78頁参照）。

memo.3 農地を農地以外のものにする者は、都道府県知事（農地又は採草放牧地の農業上の効率的かつ総合的な利用の確保に関する施策の実施状況を考慮して農林水産大臣が指定する市町村（以下「指定市町村」という。）の区域内にあっては、指定市町村の長。以下「都道府県知事等」という。）の許可を受けなければならない（農地4①本文）。

次のいずれかに該当する場合は、農地法5条1項の許可を要しない（農地5①ただし書）。

① 国又は都道府県等が、農地法4条1項2号の農林水産省令（農地規25）で定める施設の用に供するため、これらの権利を取得する場合

「これらの権利」とは、農地法3条1項本文に掲げる権利であり、所有権、又は地上権、永小作権、質権、使用貸借による権利、賃借権若しくはその他の使用及び収益を目的とする権利をいう（農地5①柱書本文参照）。

② 農地又は採草放牧地を農業経営基盤強化促進法19条の規定による公告があった農用地利用集積計画に定める利用目的に供するため当該農用地利用集積計画の定めるところによって同法4条4項1号の権利が設定され、又は移転される場合

③ 農地又は採草放牧地を特定農山村地域における農林業等の活性化のための基盤整備の促進に関する法律9条1項の規定による公告があった所有権移転等促進計画に定める利用目的に供するため当該所有権移転等促進計画の定めるところによって同法2条3項3号の権利が設定され、又は移転される場合

④ 農地又は採草放牧地を農山漁村の活性化のための定住等及び地域間交流の促進に関する法律8条1項の規定による公告があった所有権移転等促進計画に定める利用目的に供するため当該所有権移転等促進計画の定めるところによって同法5条8項の権利が設定され、又は移転される場合

⑤ 土地収用法その他の法律によって農地若しくは採草放牧地又はこれらに関する権利が収用され、又は使用される場合

Q103〔農地法が定める許可除外事由〕
農地の権利移動について、農地法5条1項ただし書で定める許可除外事由を示せ

農地法5条1項の許可

農地法5条1項の許可

⑥　農地法4条1項7号に規定する市街化区域内にある農地又は採草放牧地につき、政令（農地令10①）で定めるところによりあらかじめ農業委員会に届け出て、農地及び採草放牧地以外のものにするためこれらの権利（①の権利）を取得する場合

⑦　農林水産省令（農地規53）で定める次に掲げる場合

　㋐　農地法45条1項［買収した土地、立木等の管理］の規定により農林水産大臣が管理することとされている農地又は採草放牧地を耕作及び養畜の事業以外の事業に供するために貸し付けることにより農地法3条1項本文に掲げる権利（①の権利）が設定される場合

　㋑　農地法47条［売払い］の規定によって所有権が移転される場合

　㋒　農地法47条の規定による売払いに係る農地又は採草放牧地についてその売払いを受けた者がその売払いに係る目的に供するため①の権利を設定し、又は移転する場合

　㋓　土地改良法に基づく土地改良事業を行う者がその事業に供するため①の権利を取得する場合

　㋔　地方公共団体（都道府県等を除く。）がその設置する道路、河川、堤防、水路若しくはため池又はその他の施設で土地収用法3条各号に掲げるもの（農地法施行規則25条1号から3号までに掲げる施設又は市役所、特別区の区役所若しくは町村役場の用に供する庁舎を除く。）の敷地に供するためその区域（地方公共団体の組合にあっては、その組合を組織する地方公共団体の区域）内にある農地又は採草放牧地につき①の権

利を取得する場合

㋑ 道路整備特別措置法2条4項に規定する会社又は地方道路公社が道路の敷地に供するため①の権利を取得する場合

㋔ 独立行政法人水資源機構がダム、堰、堤防、水路若しくは貯水池の敷地又はこれらの施設の建設のために必要な道路若しくはこれらの施設の建設に伴い廃止される道路に代わるべき道路の敷地に供するため①の権利を取得する場合

㋖ 独立行政法人鉄道建設・運輸施設整備支援機構又は全国新幹線鉄道整備法9条1項の規定による認可を受けた者が鉄道施設の敷地又は鉄道施設の建設のために必要な道路若しくは線路若しくは鉄道施設の建設に伴い廃止される道路に代わるべき道路の敷地に供するため①の権利を取得する場合

㋘ 成田国際空港株式会社が成田国際空港の敷地若しくは当該空港の建設のために必要な道路若しくは線路若しくは当該空港の建設に伴い廃止される道路に代わるべき道路の敷地に供するため、又は航空保安施設設置予定地の区域内にある農地若しくは採草放牧地について航空保安施設を設置するため①の権利を取得する場合

㋙ 都市計画法56条1項［土地の買取り］、57条3項［土地の先買い等］若しくは67条2項［土地建物等の先買い］の規定によって又は同法68条1項［土地の買取請求］の規定による請求によって都市計画事業に供するため市街化区域内にある農地又は採草放牧地につき所有権が移転される場合

㋚ 電気事業者が送電用電気工作物等の敷地

農地法５条１項の許可

に供するため①の権利を取得する場合

㋛　地方公共団体（都道府県を除く。）、独立行政法人都市再生機構、地方住宅供給公社、土地開発公社、独立行政法人中小企業基盤整備機構又は指定法人が市街化区域（指定法人にあっては、指定計画に係る市街化区域）内にある農地又は採草放牧地につき①の権利を取得する場合

㋜　独立行政法人都市再生機構が特定公共施設又はその施設の建設のために必要な道路若しくはその施設の建設に伴い廃止される道路に代わるべき道路の敷地に供するため①の権利を取得する場合

㋝　認定電気通信事業者が有線電気通信のための線路、空中線系（その支持物を含む。）若しくは中継施設又はこれらの施設を設置するために必要な道路若しくは索道の敷地に供するため①の権利を取得する場合

㋞　地方公共団体（都道府県を除く。）又は災害対策基本法2条5号に規定する指定公共機関若しくは同条6号に規定する指定地方公共機関が行う非常災害の応急対策又は復旧であって、当該機関の所掌業務に係る施設について行うもののために必要な施設の敷地に供するため①の権利を取得する場合

㋟　特定地方公共団体である市町村又は特定被災市町村が、東日本大震災又は特定大規模災害からの復興のために定める集団移転促進事業計画に係る移転促進区域内にある農地又は採草放牧地を、耕作及び養畜の事業以外の事業に供するため当該集団移転促進事業計画に基づき実施する集団移転促進事業により取得する場合

5　農地法5条の許可・届出　135

㋑　ガス事業者が、ガス導管の変位の状況を
　測定する設備又はガス導管の防食措置の状
　況を検査する設備の敷地に供するため①の
　権利を取得する場合
⑧　その他法律の規定により許可を必要としな
　い場合
㋐　市民農園整備促進法により認定を受けた
　開設者が認定計画に従って農地を市民農園
　施設として使用する場合には、農地法5条1
　項の許可があったものとみなされる（市民
　農園整備促進法11③）。
㋑　地域資源を活用した農林漁業者等による
　新事業の創出等及び地域の農林水産物の利
　用促進に関する法律に基づき認定総合化事
　業計画又は認定研究開発・成果利用事業計
　画に従って転用する場合は、農地法4条1項
　又は5条1項の許可があったものとみなされ
　る（地域資源を活用した農林漁業者等による
　新事業の創出等及び地域の農林水産物の利用
　促進に関する法律12①②）。

農地法5条1項ただし書に掲げる農地法所定の許
可を得ることを要しない場合（→Q103）を除き、
農地を農地以外のものにするため又は採草放牧
地を採草放牧地以外のもの（農地を除く。）にす
るため、これらの土地について、所有権を移転
し、又は、地上権、永小作権、質権、使用貸借
による権利、賃借権若しくはその他の使用及び
収益を目的とする権利を設定し、若しくは移転
する場合には、次の表に掲げる許可権限庁の許
可を受けなければならない（農地5①柱書本文・
附則②三）。

Q104〔許可権限庁〕
　農地法5条1項の許可を受ける
許可権限庁は、どこか

（農地法5条1項の許可）

136 5 農地法5条の許可・届出

農地法5条1項の許可

	許可権限庁
原　則	都道府県知事等（→ memo. ）の許可。
農林水産大臣に協議	都道府県知事等は、当分の間、次に掲げる場合には、あらかじめ、農林水産大臣に協議しなければならない（農地附則②三）。同一の事業の目的に供するため4ヘクタールを超える農地又はその農地と併せて採草放牧地について農地法3条1項本文に掲げる権利を取得する行為（地域整備法（農地附則②一）の定めるところに従ってこれらの権利を取得する行為で政令（農地令附則⑦）で定める要件に該当するものを除く。）に係る5条1項の許可をしようとする場合

memo.　農地を農地以外のものにする者は、都道府県知事（農地又は採草放牧地の農業上の効率的かつ総合的な利用の確保に関する施策の実施状況を考慮して農林水産大臣が指定する市町村（以下「指定市町村」という。）の区域内にあっては、指定市町村の長。以下「都道府県知事等」という。）の許可を受けなければならない（農地4①本文）。

Q105〔法定条件〕
農地の売買契約書には「農地法の許可があった時に所有権移転の効力を生ずる」旨を記載すべきか

農地の売買契約は、農業委員会、知事等の許可を停止条件とする旨の文言があると否とを問わず、法定条件付売買であるとされている（転用のための農地売買・賃貸借205頁参照）。
下記(1)及び(2)の判例は、所有権移転又は賃借権設定という効力の発生要件であって、法定条件たる性質を有するとしている。
(1)　「農地の所有権移転を目的とする法律行為は都道府県知事の許可を受けない以上法律上の効力を生じないものであり（農地法3条4項〔現3条7項〕）、この場合知事の許可は

5　農地法5条の許可・届出　137

右法律行為の効力発生要件であるから、農
地の売買契約を締結した当事者が知事の許
可を得ることを条件としたとしても、それ
は法律上当然必要なことを約定したに止ま
り、売買契約にいわゆる停止条件を附した
ものということはできない」（最判昭36・5・
26判時262・17）。

(2)　「農地法第3条所定の知事又は農業委員会
の許可〔農地調整法第4条所定の知事又は農
業委員会の承認（同法は農地法の施行に伴
い昭和27年7月15日法律第230号により廃
止）〕なくしてなされた農地の売買契約は右
許可（承認）を法定条件として成立し、右許
可（承認）があればそのときから将来に向っ
て効力を生ずるが、右許可（承認）のあるま
ではその効力は生じないまま不確定の状態
にある」（最判昭37・5・29民集16・5・1226）。

`memo.`　法定条件→①　法律行為が効力を
生ずるために法が要求している要件ないし事実
をいう（転用のための農地売買・賃貸借204頁）。
②　条件は、当事者が任意に合意で定めたもの
である。これに対して法律で定められている条
件を法定条件といい、例として、農地の所有権
移転について農業委員会等の許可を要するとい
う条件がある（四宮・民法総則342頁）。

農地法5条1項の許可

農地転用の許可をいつ受けるべきか、というこ
とについては、農地法の条文からは明白でない。
売主・買主の当事者が確定していれば、農地売
買契約前であっても農地法5条の許可申請をす
ることはできるが、農地売買契約後に農地転用
の許可申請をするのが一般的である。
広島地裁尾道支部昭和28年5月4日判決（下民4・

Q106〔許可を受ける時期〕
　農地転用の許可は、いつ受け
るべきか

農地法5条1項の許可		5・652）は、「普通農地の売買については先ず当事者間に売買契約が成立し、その後において右の許可（略）を受けることが慣例でもあろうし、又売買契約も成立していないようなあいまいな状態では当事者及び目的農地を対象としてその是非を決定する許可（略）も事実上不可能なことでもあろう。」と述べている。農地の売買契約後、いつ農地法5条の許可の申請をすべきかについては法的規制はなく、いつ申請してもよい。
	Q107〔許可の効果〕 農地法5条1項の許可を受けないでした行為の効力はどうなるか	農地法5条1項の許可を受けないでした行為は、その効力を生じない（農地5③・3⑦）。農地法5条1項の許可は、農地等の権利の設定・移転の効力発生要件である。この許可を受けない以上、法律上の効力を生じず、農地売買の場合、農地の所有権移転の効力は生じない（農地法3条1項に関する事案として、最判昭36・5・26判時262・17参照）。 農地法5条1項の許可を受けないでした農地の売買契約は、その許可を法定条件として成立し、許可があればそのときから将来に向って効力を生ずるが、許可のあるまではその効力は生じない（農地法3条1項に関する事案として、最判昭37・5・29民集16・5・1226参照）。
	Q108〔所有権移転の効力発生日〕 農地売買につき農地法5条1項の許可があった場合、所有権移転の効力発生日はいつか	(1)　所有権移転の効力発生日 　農地の所有権移転の効力は、売買契約後に許可があった場合には許可書が当事者に到達した日に生じる（昭35・10・6民2498）。また、農地法5条の許可書に権利を移転しようとする時期が記載されている場合であっても、売買契約がその記載日よりも後であるときは、所有権移転の効力発生日は売買

契約の日である（農地法3条の事案として、登研494・123参照）。

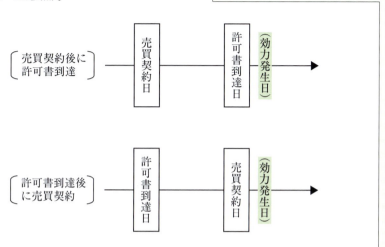

(2) 登記原因日付

　　農地の売買契約は、農地法5条1項の許可書が売買当事者に到達した日に効力を生ずるから、その日を登記原因の日付とする（農地法3条の事案として、昭35・10・6民甲2498）。農地法5条の許可書に権利を移転しようとする時期が記載されている場合であっても、売買契約がその日の後である場合は、所有権移転登記の登記原因日付は売買契約の日である（農地法3条の事案として、登研494・123）。

　　なお、昭和32年4月2日民甲667号は、農地について都道府県知事〔本件先例発出当時の許可権限庁〕の許可を停止条件とする売買契約をし、その許可を得て所有権移転登記をする場合の登記原因の日付は、許可のあった日であるとしているが、これは表白主義（→ memo. ）をとることを意味しているものではない（不動産登記先例解説総覧459頁）。

140　5　農地法5条の許可・届出

農地法5条1項の許可

memo.　表白主義→書面を相手方に送付する方法で意思表示がされる場合は、通常、書面を作成し（表白）、郵便ポストに投函し（発信）、これが相手方に配達され（到達）、相手方が読む（了知）という順序をとる。民法は、原則として、意思表示が相手方に到達した時に、意思表示の効力を生ずるとしている（到達主義。民97①）。なお、民法97条1項は「隔地者に対する意思表示は」としているが、改正民法は「隔地者に対する」という文言を削除している（改正民97①）。

Q109〔条件付許可〕
農地法所定の許可書に「許可の日から3か月以内に申請の目的に供しないときは、許可しなかったものとする」と記載がある場合に、この期間後の所有権移転登記の申請は受理されるか

許可の日から3か月以内に農地を他に転用しないときは許可が失効する旨の条件付きの農地法5条による農地の所有権移転の許可書を申請情報に添付して、その期間後に所有権移転登記の申請があった場合、農地法5条の許可書のほかに、一定期間内に転用したことの知事〔本件先例発出当時の許可権限庁〕の証明書（いまだ許可が失効していないことの許可権限庁の証明書）がさらに添付されているときは、当該申請は受理される（昭33・1・25民甲209、登研171・67）。

Q110〔5条許可の所有権移転登記の申請情報等〕
農地法5条1項の許可を受けた所有権移転登記の申請情報・添付情報を示せ

登　記　申　請　書

登記の目的　　所有権移転
原　　　因　　平成◯年◯月◯日売買　❶

|5| 農地法5条の許可・届出　141

権　利　者　　○市○町○丁目○番地　　［買主］
　　　　　　　　B
義　務　者　　○市○町○丁目○番地　　［売主］
　　　　　　　　A
添 付 情 報　❷
　　　　　登記原因証明情報　登記識別情報　印鑑証明書
　　　　　住所証明情報　農地法許可書　代理権限証明情報
（以下省略）

❶　農地法所定の許可を受けた後に売買契約をした場合は、売買契約が成立した日である。農地法所定の許可を受ける前に農地法の許可を停止条件として売買契約をし、その後に許可があった場合は、許可があった日（許可書到達の日）とする（昭35・10・6民甲2498、昭32・4・2民甲667）。

　農地法の許可書到達後において、売買代金全額の支払があった時に所有権が移転する旨の特約が売買契約書にあるときは、特約に従う。

❷① 　登記原因証明情報（不登61）
　　後記例参照。
　② 　登記義務者の登記識別情報（不登22本文）
　③ 　登記義務者の印鑑証明書（不登令18）
　④ 　登記権利者の住所証明情報（不登令別表30項添付情報欄ロ）
　⑤ 　農地法5条1項の許可書（不登令7①五ハ）
　⑥ 　代理権限証明情報（不登令7①二）
　　代理人によって登記を申請するときは、委任状を提供する。

＜登録免許税＞
　課税価格の1,000分の20（登税別表1・1・（二）ハ）。
　ただし、平成25年4月1日から平成31年3月31日までの間に、土地の売買による所有権移転登記を受ける場合は、課税価格の1,000分の15（租特72①）。100円未満は切捨て（税通119①）。

農地法5条1項の許可

142　⑤　農地法5条の許可・届出

〔市街化区域以外の所有権移転日特約付農地売買の所有権移転登記の登記原因
　証明情報例〕

登記原因証明情報

1　登記申請情報の要項
　　(1)　登記の目的　　所有権移転
　　(2)　登記の原因　　平成○年○月○日売買　　（注1）
　　(3)　当　事　者　　権利者　○市○町○丁目○番地
　　　　　　　　　　　　　　　　　　　B
　　　　　　　　　　　　義務者　○市○町○丁目○番地
　　　　　　　　　　　　　　　　　　　A
　　(4)　不動産の表示　　（省略）
2　登記の原因となる事実又は法律行為
　　(1)　平成○年○月○日（注2）、買主B（以下「買主」という。）と売主
　　　　A（以下「売主」という。）は、本件不動産について農地法第5条第1
　　　　項の規定による○県知事の許可あること及び(2)の特約を付して売買
　　　　契約を締結した。
　　(2)　(1)の売買契約には、本件不動産の所有権は、農地法第5条第1項の
　　　　規定による○県知事の許可書が当事者に到達した後において、買主
　　　　から売主に対して売買代金全額の支払があった時に売主から買主に
　　　　移転する旨の特約がある。　　（注3）
　　(3)　平成○年○月○日、当事者は農地法第5条第1項の許可を得、平成○
　　　　年○月○日、当事者に許可書の到達があった。　　（注4）
　　(4)　平成○年○月○日、(1)の売買契約に基づき買主は売主に対し売買
　　　　代金の全額を支払い、売主はこれを受領した。　　（注5）
　　(5)　よって、平成○年○月○日、売主から買主に本件不動産の所有権が
　　　　移転した。　　（注6）
　　（以下省略）

（注1）　農地法の許可書が到達した日以後において、売買契約の特約に基づき
　　　　売買代金全額の支払があった日が売買日となる。
（注2）　売買契約を締結した日を記載する。

（注3）　所有権移転の時期について特約があることを記載する。

（注4）　農地法5条1項の許可があった日、及び同許可書が当事者に到達した日を記載する。

（注5）　(2)の特約が履行され売買代金全額が支払われたことを記載する。

（注6）　(2)の特約が履行されたことにより所有権が移転した日（(注1)と同一日）を記載する。

5　農地法5条の許可・届出

市街化区域内の届出

Q111〔市街化区域内の転用〕

市街化区域内の農地等を転用し売買により所有権の移転をするためには、農地法上、どのような手続をするべきか

(1)　市街化区域とは

　農地法4条1項7号又は5条1項6号に規定する「市街化区域」について、都市計画法は次のように定めている。

【都市計画法7条（区域区分）】

① 都市計画区域について無秩序な市街化を防止し、計画的な市街化を図るため必要があるときは、都市計画に、市街化区域と市街化調整区域との区分（以下「区域区分」という。）を定めることができる。ただし、次に掲げる都市計画区域については、区域区分を定めるものとする。

　一　次に掲げる土地の区域の全部又は一部を含む都市計画区域

　　イ　首都圏整備法第2条第3項に規定する既成市街地又は同条第4項に規定する近郊整備地帯

　　ロ　近畿圏整備法第2条第3項に規定する既成都市区域又は同条第4項に規定する近郊整備区域

　　ハ　中部圏開発整備法第2条第3項に規定する都市整備区域

　二　前号に掲げるもののほか、大都市に係る都市計画区域として政令（筆者注：都市計画法施行令3）で定めるもの

② 市街化区域は、すでに市街地を形成している区域及びおおむね10年以内に優先的かつ計画的に市街化を図るべき区域とする。

③ 市街化調整区域は、市街化を抑制すべき区域とする。

---

(2)　農業委員会への届出

　市街化区域内にある農地を農地以外のものにするため又は採草放牧地を採草放牧地以外のもの（農地を除く。）にするためには、あらかじめ農業委員会に転用の届出をすることにより、農地法5条1項本文の許可申請は不要となる（農地5①六）。

　すなわち、市街化区域内にある農地又は採草放牧地につき、政令（農地令10①）で定

5 農地法5条の許可・届出 145

めるところによりあらかじめ農業委員会に
届け出て、農地及び採草放牧地以外のもの
（農地を除く。）にするため、所有権、又は
地上権、永小作権、質権、使用貸借による権
利、賃借権若しくはその他の使用及び収益
を目的とする権利（農地法3条1項本文に掲
げる権利）を取得する場合には、農地法5条
1項の許可を要しない、ということである（農
地5①六）。

　農業委員会への転用届出の効力発生日に
ついては、**Q112**参照。

memo.　都市計画法による都市計画で市街
化区域と定められた区域内にある農地の転用の
ための権利の設定又は移転については、あらか
じめこれを都道府県知事［現・農業委員会（農
地5①六）］に届け出ることによって、農地法第5
条の同知事［現・都道府県知事等（農地5①本文）］
の許可は要しない（昭44・8・29民甲1760）。

市街化区域内の届出

農地法施行規則は、届出を受理した旨の通知を
する書面には「届出書が到達した日及びその日
に届出の効力が生じた旨」を記載するとしてい
る（農地規28三・52一）。届出の効力は、農業委
員会に届出書が到達した日に生ずるものとされ
ているので（逐条農地法106頁、転用のための農地
売買・賃貸借193頁）、当該到達日を受理通知書に
平成○年○月○日にその効力が生じた旨、記載
すべきこととされている（事務処理要領様式例第
4号の10、転用のための農地売買・賃貸借193頁）。

memo.　農地法関係事務処理要領は、「農業
委員会は、届出書の提出があったときは、直ち
に、届出者に対し、法［農地法］第4条第1項第
7号又は第5条第1項第6号の規定による届出は農

Q112〔届出の効力発生日〕
農業委員会に農地法5条1項6
号の規定による農地転用届出
書を提出した場合、転用届出
の効力は、いつ発生するか

業委員会において適法に受理されるまでは届出の効力が発生しないことを十分に説明し、受理通知書の交付があるまでは転用行為に着手しないよう指導する。」と定めている（事務処理要領別紙1第4・5⑹ア）。

Q113〔届出受理通知書の提供の要否〕

市街化区域内の農地転用について農業委員会の発行した届出受理通知書は、所有権移転登記の添付情報となるか

市街化区域内の農地転用について、農業委員会が発行した届出受理通知書は、所有権移転登記の添付情報である（昭44・8・29民甲1760。本件の通達発出当時の許可権限庁は、都道府県知事であった。）。

不動産登記令は、登記原因について第三者の許可、同意又は承諾を要するときは、当該第三者が許可し、同意し、又は承諾したことを証する情報を提供しなければならないとしている（不登令7①五ハ）。農地法5条1項6号の規定による届出によって同法5条1項本文の規定による許可が不要となる場合には、許可に代わって届出そのものが権利移動の効力要件になると解されており、無効な登記がされることを未然に防止して取引の安全を保護しようとする不動産登記令7条1項5号ハの趣旨から、この届出は許可に準ずるものとして同号ハに該当するものと解するのが妥当であると考えられるところから、市街化区域内の農地の所有権移転登記の申請情報と併せて届出受理通知書を提供すべきである（不動産登記先例解説総覧148頁）。

Q114〔市街化区域内の所有権移転登記の申請情報等〕

市街化区域内における農地法5条1項6号の届出による所有

5 農地法5条の許可・届出 147

> 権移転登記の申請情報・添付情報を示せ

登 記 申 請 書

登記の目的　　所有権移転
原　　　因　　平成○年○月○日売買　❶
権　利　者　　○市○町○丁目○番地　［買主］
　　　　　　　　　B
義　務　者　　○市○町○丁目○番地　［売主］
　　　　　　　　　A
添 付 情 報　❷
　　　　　　登記原因証明情報　登記識別情報　印鑑証明書
　　　　　　住所証明情報　届出受理通知書　代理権限証明情報
（以下省略）

---

❶　農業委員会で受理された届出の効力は、農業委員会に届出書が到達した日に生じる（逐条農地法106頁、転用のための農地売買・賃貸借193頁）。なお、売買契約書の特約で、届出書の到達した日以後の日で所有権移転の日を定めている場合は（例：売買代金全額の支払の時に所有権が移転する）、その日を記載する。

❷①　登記原因証明情報（不登61）
　　後掲例参照。
　②　登記義務者の登記識別情報（不登22本文）
　③　登記義務者の印鑑証明書（不登令18）
　④　登記権利者の住所証明情報（不登令別表30項添付情報欄ロ）
　⑤　農地法5条1項6号の届出受理通知書（不登令7①五ハ）
　⑥　代理権限証明情報（不登令7①二）
　　代理人によって登記を申請するときは、委任状を提供する。

＜登録免許税＞

課税価格の1,000分の20（登税別表1・1・(二)ハ）。

ただし、平成25年4月1日から平成31年3月31日までの間に、土地の売買による所有権移転登記を受ける場合は、課税価格の1,000分の15（租特72①）。100円未満は切捨て（税通119①）。

〔市街化区域内農地売買（所有権移転日特約付）の所有権移転登記の登記原因証明情報例〕

登記原因証明情報

1 登記申請情報の要項
(1) 登記の目的　　所有権移転
(2) 登記の原因　　平成○年○月○日売買　（注1）
(3) 当　事　者　　権利者　○市○町○丁目○番地
　　　　　　　　　　　　　　　B
　　　　　　　　　義務者　○市○町○丁目○番地
　　　　　　　　　　　　　　　A
(4) 不動産の表示　（省略）
2 登記の原因となる事実又は法律行為
(1) 平成○年○月○日（注2）、売主Aと買主Bは、農地法第5条第1項第6号の規定による農業委員会への届出の効力が生じること及び(2)の特約を付して本件農地につき売買契約を締結した。
(2) (1)の売買契約には、本件農地の所有権は、農地法第5条第1項第6号の農業委員会への届出の効力が生じた後において、売買代金全額の支払があった時にAからBに移転する旨の特約がある。
(3) 平成○年○月○日、農地法第5条第1項第6号の規定による届出書は農業委員会に到達した。　（注3）
(4) 平成○年○月○日、(1)の売買契約に基づき買主は売主に対し売買代金の全額を支払い、売主はこれを受領した。　（注4）
(5) よって、平成○年○月○日（注5）、売主から買主に本件農地の所有権が移転した。
（以下省略）

市街化区域内の届出

（注1）　本売買契約には所有権移転時期の特約があるので、農業委員会に届出書が到達した日以後において、売買契約の特約に基づき売買代金全額の支払があった日が売買日となる。

（注2）　売買契約が成立した日である。

（注3）　農業委員会で受理された届出の効力は、農業委員会に届出書が到達した日に生じる（逐条農地法106頁、転用のための農地売買・賃貸借193頁）。本Qでは、所有権移転時期について特約が定められているので、その特約が履行された日に所有権が移転する。

（注4）　特約に基づき、売買代金全額の支払があった日を記載する。

（注5）　(4)の日である。売買代金全額の支払があった日を記載する。

150　6　仮登記

> （注）　本項（6）においては、不動産登記法105条1号に基づく仮登記のことを「1号仮登記」、同条2号に基づく仮登記のことを「2号仮登記」という。

仮登記全般（仮登記の本登記を除く）

Q115〔許可書の提出不能〕

農地の売買契約を締結し農地法所定の許可を得ている場合に、この許可書を提供できないときは、仮登記を申請できるか

農地売買による所有権移転登記を申請するに際し、既に許可を得ている農地法3条又は5条の許可書を紛失等の理由により提供できないときは、1号仮登記（所有権移転仮登記）を申請することができる。

1号仮登記は、既に物権変動は生じているが法務省令（不登規178）で定める添付情報（登記識別情報又は第三者の許可、同意若しくは承諾を証する情報）が提供できない場合に申請することができる。

memo.　農地法3条又は5条の許可書は、不動産登記令7条1項5号ハで定める「登記原因について第三者の許可、同意又は承諾を要するときは、当該第三者が許可し、同意し、又は承諾したことを証する情報」に該当する（注釈不動産登記法総論（下）116頁）。不動産登記規則178条の「第三者の許可、同意若しくは承諾を証する情報」は、不動産登記令7条1項5号ハの情報である。

Q116〔仮登記の申請〕

農地法の許可を受けていない状態で、買主は、所有権移転を受ける権利を保全するために仮登記を申請することができるか

(1)　1号仮登記

農地の買主は、農地法所定の許可がある前に、所有権移転を受ける権利を保全するために所有権移転に関する仮登記をすることができる（最判昭49・9・26判時756・68、最判昭33・6・5民集12・9・1359）。

本Qの場合は、まだ農地法3条又は5条の許可を得ていない時点であるから、所有権移転の効力は生じておらず（農地3⑤・5③）、

1号仮登記はすることができない。

(2)　2号仮登記

　　農地の売主、買主間で、農地法所定の許可があることを条件とする売買契約を締結した場合には、2号仮登記（始期付所有権移転仮登記）を申請することができる。また、売買予約をした場合にも、2号仮登記（所有権移転請求権仮登記）を申請することができる。

　　先例は、次の仮登記の申請は受理できるとする（昭32・4・22民甲793）。

①　売買予約（農地法3条の規定による都道府県知事［現在は農業委員会］の許可後に本契約をすることの予約）を登記原因とする所有権移転請求権保全の仮登記

②　売買一方の予約に基づく所有権移転の仮登記（→ **memo.** ）

③　農地法3条の規定による都道府県知事［現在は農業委員会］の許可があれば所有権を移転するとする売買予約に基づく所有権移転の仮登記

(3)　裁判例

　　裁判例として、「知事［本件判決言渡し当時の許可権限庁］の許可と同時に所有権移転の効力が発生する農地売買契約を締結し、仮登記をする場合、不動産登記法2条2号［現不動産登記法105条2号］により、売買契約を原因として条件付所有権移転の仮登記をすべきである」とするものがある（大阪高判昭52・2・15判時867・68）。

memo.　農地につき、債務不履行を停止条件とする所有権移転の仮登記又は売買一方の予約による所有権移転の仮登記を申請する場合は、

仮登記全般（仮登記の本登記を除く）

152　　6　仮登記

仮登記全般（仮登記の本登記を除く）

	農地法所定の許可書の添付を要しない（昭38・9・3民甲2535。この先例は、売買一方の予約に基づく所有権移転の仮登記の申請書には農地法所定の許可書の添付を要するとした前掲昭32・4・22民甲793を変更した。）。
Q117〔2号仮登記がされた場合の登記所の取扱い〕 農地について2号仮登記がされた場合、管轄登記所から農業委員会に当該仮登記につき情報の提供がされるか	次のような、平成20年12月1日民二3071号・法務省民事局民事第二課長依命通知がされている（概略）。 (1)　農地について所有権に係る移転請求権保全の仮登記及び条件付権利（又は期限付権利）の仮登記（2号仮登記）の申請があった場合には、当分の間、所轄登記所の登記官がその土地の所在及び地番を取りまとめた連絡票を作成するなど適宜の方法により、関係農業委員会が当該情報を取得できるよう、協力方依頼があり、民事局長から、差し支えない旨回答された。 (2)　農業委員会は、調査（本件通知別添記1(2)の調査（掲載省略））により、本登記をするために農地法に基づく許可等の手続が行われていないことが確認されたものについて、次の対応を講じることとする。 （ア）　当該農地の所有者に対し、次の事項を周知徹底する。 　①　農地の売買は、農地法に基づく許可等がなければ、所有権移転の効力を生じないこと。 　②　農地法に基づく許可等がなければ、売買契約の締結がされていても、農地の所有権は仮登記権利者ではなく、農地の所有者にあること。 　③　農地法に基づく許可等を受ける前に

仮登記権利者に農地を引き渡した場合
は、農地法違反となり、同法92条［現農
地法64条］の規定に基づき3年以下の懲
役又は300万円以下の罰金の適用がある
こと。
（イ）　農地の所有者が耕作を放棄するに至
った場合には、耕作を再開するよう指
導するとともに、自ら耕作再開が困難
な場合には、貸付けを行うことが適当
であり、貸付けがなされるよう指導す
る。なお、農業委員会は、農地の所有者
が認定農業者等への貸付けを希望する
場合には、借受者のあっせんに努める
こと。この場合、農地の所有者に対し
ては、農業経営基盤強化促進法18条に
基づく農用地利用集積計画による利用
権の設定等によれば、期間満了に伴っ
て農地が返還されること、利用権の設
定等に当たっては、農業経営基盤強化
促進法18条第3項による同意が必要とな
る者の中には仮登記権利者は含まれな
いことを、また、借受者に対しては、2
号仮登記がされた農地であることを、
あらかじめ説明しておくものとする。
（ウ）　当該農地の仮登記権利者に対し、次
の助言等を行う。
　①　農地の売買は、農地法に基づく許可
等がなければ、所有権の移転の効力を
生じないこと。
　②　農地法に基づく許可等がなければ、
売買契約の締結がなされていても、農
地の所有権は仮登記権利者ではなく、
農地所有者にあること。

仮登記全般（仮登記の本登記を除く）

154　6　仮登記

③　農地法に基づく許可等を受ける前に、農地の引渡しを受けた場合は、農地法違反となり、同法92条［現農地法64条］の規定に基づき3年以下の懲役又は300万円以下の罰金の適用があること。

④　農地の転用を希望している仮登記権利者に対しては、2号仮登記を行ったとしても、農地転用許可の判断において何ら考慮されるものではないこと。

Q118〔3条許可を条件とする仮登記の申請情報等〕

農地法3条の許可を条件とする農地売買の所有権移転仮登記の申請情報・添付情報を示せ

〔申請情報(1)（所有権移転の時期を、農地法3条の許可を条件とする場合)〕

```
                登 記 申 請 書

登記の目的　　条件付所有権移転仮登記
原　　　因　　平成○年○月○日売買　❶
　　　　　　　（条件　農地法第3条の許可）
権　利　者　　○市○町○丁目○番地［買主］
　　　　　　　　　B
義　務　者　　○市○町○丁目○番地［売主］
　　　　　　　　　A
添 付 情 報
　　　　　　　登記原因証明情報　印鑑証明書　代理権限証明情報
　（以下省略）
```

仮登記全般（仮登記の本登記を除く）

❶ 附款付売買契約が成立した日である。所有権移転の時期を、農地法3条の許可が当事者に送達された時とする例である。

＜登録免許税＞

課税価格の1,000分の10（登税別表1・1（十二）ロ(3)）。100円未満は切捨て（税通119①）。

〔登記原因証明情報の例(1)（所有権移転の時期を、農地法3条の許可が送達された時とした場合）〕

登記原因証明情報

1　登記申請情報の要項

(1)　登記の目的　　条件付所有権移転仮登記

(2)　登記の原因　　平成○年○月○日売買　（注1）

（条件　農地法第3条の許可）

(3)　当　事　者　　権利者　○市○町○丁目○番地

B

義務者　○市○町○丁目○番地

A

(4)　不動産の表示　　（省略）

2　登記の原因となる事実又は法律行為

(1)　平成○年○月○日（注2）、売主Aと買主Bは、本件不動産につき、農地法第3条の許可を条件に売買契約を締結した。

(2)　平成○年○月○日、AとBは、上記内容の条件付所有権移転仮登記を申請することに合意した。

（以下省略）

(注1)(注2)　附款付売買契約が成立した日である。本例は、農地法3条の許可が当事者に送達された時に所有権が移転することを条件とする例である。

〔申請情報(2)（所有権移転の時期を、農地法3条の許可と売買代金の完済のいずれもがあった時とする場合)〕

登 記 申 請 書

登記の目的　　条件付所有権移転仮登記

原　　　因　　平成○年○月○日売買　❶

　　　　　　　（条件　農地法第3条の許可及び売買代金完済）

権 利 者　　○市○町○丁目○番地　[買主]

　　　　　　　　　B

義 務 者　　○市○町○丁目○番地　[売主]

　　　　　　　　　A

添 付 情 報

　　　　　登記原因証明情報　印鑑証明書　代理権限証明情報

（以下省略）

---

❶　附款付売買契約が成立した日である。条件は、所有権移転の時期を、農地法3条の許可と売買代金完済のいずれもがあった時とする場合の例である。

<登録免許税>

　　　　課税価格の1,000分の10（登税別表1・1（十二）ロ(3)）。100円未満は切捨て（税通119①）。

〔登記原因証明情報の例(2)（所有権移転の時期を、農地法3条の許可と売買代金の完済のいずれもがあった時とする場合)〕

登記原因証明情報

1　登記申請情報の要項

　(1)　登記の目的　　条件付所有権移転仮登記

　(2)　登記の原因　　平成○年○月○日売買　（注1）

　　　　　　　　　　（条件　農地法第3条の許可及び売買代金完済）

　(3)　当 事 者　　権利者　○市○町○丁目○番地

　　　　　　　　　　　　　　　B

義務者　　○市○町○丁目○番地

　　　　　　　　　　　　A

　(4)　不動産の表示　　（省略）

2　登記の原因となる事実又は法律行為

　(1)　平成○年○月○日（注2）、売主Aと買主Bは、本件不動産につき、農地法第3条の許可があること及び(2)の特約を付して売買契約を締結した。

　(2)　(1)の売買契約には、本件不動産の所有権は、農地法第3条の許可があった後において、売買代金全額の支払があった時にAからBに移転する旨の特約がある。

　(3)　平成○年○月○日、AとBは、上記内容の条件付所有権移転仮登記を申請することに合意した。

　（以下省略）

(注1)(注2)　附款付売買契約が成立した日である。条件は、所有権移転の時期を、農地法3条の許可と売買代金の完済のいずれもがあった時とする場合の例である。

(1)　仮登記

　　農地につき、農地法5条の許可があり、売買代金の完済時に所有権が移転するとの附款付売買契約が締結された場合には、条件付所有権移転仮登記を申請することができる（農地法3条の場合の例として登記記録例571（注)2参照）。

Q119〔農地法5条の許可・代金完済時に所有権が移転〕
農地法5条の許可及び売買代金完済時に所有権が移転するとの売買契約が締結された場合、仮登記を申請することができるか

〔申請情報〕

登　記　申　請　書

登記の目的　　条件付所有権移転仮登記

原　　　因　　平成○年○月○日売買　❶

　　　　　　　（条件　農地法第5条の許可及び売買代金完済）

権　利　者　　○市○町○丁目○番地　　［買主］

　　　　　　　　　B

義　務　者　　○市○町○丁目○番地　　［売主］

　　　　　　　　　A

添　付　情　報

　　　　　登記原因証明情報　印鑑証明書　代理権限証明情報

（以下省略）

❶　附款付売買契約が成立した日である。条件は、所有権移転の時期を、農地法5条の許可と売買代金の完済のいずれもがあった時とする場合の例である。

<登録免許税>

　　　　課税価格の1,000分の10（登税別表1・1（十二）ロ(3)）。100円未満は切捨て（税通119①）。

〔登記原因証明情報の例〕

登記原因証明情報

1　登記申請情報の要項

　(1)　登記の目的　　　条件付所有権移転仮登記

　(2)　登記の原因　　　平成○年○月○日売買　（注1）

　　　　　　　　　　　（条件　農地法第5条の許可及び売買代金完済）

　(3)　当　事　者　　　権利者　○市○町○丁目○番地

　　　　　　　　　　　　　　　　B

　　　　　　　　　　　　義務者　○市○町○丁目○番地

　　　　　　　　　　　　　　　　A

　(4)　不動産の表示（省略）

2　登記の原因となる事実又は法律行為

　(1)　平成○年○月○日　（注2）、売主Aと買主Bは、農地法第5条の許可

があること及び(2)の特約を付して本件不動産につき売買契約を締結した。

(2)　(1)の売買契約には、本件不動産の所有権は、農地法第5条の許可があった後において、売買代金全額の支払があった時にAからBに移転する旨の特約がある。

(3)　平成○年○月○日、AとBは、上記内容の条件付所有権移転仮登記を申請することを合意した。

(以下省略)

(注1)(注2)　附款付売買契約が成立した日である。条件は、所有権移転の時期を、農地法5条の許可と売買代金の完済のいずれもがあった時とする場合の例である。

〔条件付所有権移転仮登記（農地法3条の場合の例として登記記録例571を参考に作成）〕

2	条件付所有権移転仮登記	平成○年○月○日第○号	原因　平成○年○月○日売買 　　　（条件　農地法第5条の許可及び売買代金完済） 権利者　○市○町○丁目○番地 　　　　B
	余　白	余　白	余　白

memo.　売買代金完済時に所有権が移転するとの附款付売買契約が締結された場合には、登記原因を「平成○年○月○日売買（条件　売買代金完済）」とする停止条件付所有権移転の仮登記を申請することができる（昭58・3・2民三1308）。登記原因中の「平成○年○月○日」は、附款付売買契約を締結した日である。

(2)　仮登記の本登記

　なお、前記(1)の仮登記をした後に、農地法5条の許可があり、かつ、売買代金を完済した場合には、(1)の仮登記を本登記にすることができる。

160 6 仮登記

〔申請情報（仮登記の本登記）〕

登記申請書

登記の目的　　2番仮登記の所有権移転本登記
原　　　因　　平成○年○月○日売買 ❶
権　利　者　　○市○町○丁目○番地［買主］
　　　　　　　　　　B
義　務　者　　○市○町○丁目○番地［売主］
　　　　　　　　　　A
添　付　情　報
　　　　登記原因証明情報　登記識別情報　印鑑証明書
　　　　住所証明情報　農地法許可書❷　代理権限証明情報
　　（承諾情報）❸

（以下省略）

---

❶　農地法5条の許可が当事者に到達した後に、売買代金の完済があった日（条件が成就した日）である。

❷　農地法5条許可書。

❸　所有権に関する仮登記に基づく本登記は、登記上の利害関係を有する第三者（本登記につき利害関係を有する抵当証券の所持人又は裏書人を含む。）がある場合には、当該第三者の承諾があるときに限り、申請することができる（不登109①）。

〔登記原因証明情報の例〕

登記原因証明情報

1　登記申請情報の要項
　（1）　登記の目的　　2番仮登記の所有権移転本登記
　（2）　登記の原因　　平成○年○月○日売買　（注1）
　（3）　当　事　者　　権利者　○市○町○丁目○番地
　　　　　　　　　　　　　　　　B
　　　　　　　　　　　義務者　○市○町○丁目○番地
　　　　　　　　　　　　　　　　A

6 仮登記　161

　　(4)　不動産の表示（省略）
　2　登記の原因となる事実又は法律行為
　　(1)　平成○年○月○日（注2）、売主Ａと買主Ｂは、農地法第5条の許可
　　　　があること及び売買代金完済により本件不動産の所有権が移転する
　　　　旨の特約を付して売買契約を締結した。
　　(2)　Ａ及びＢは、前記(1)の売買契約に基づき、条件付所有権移転仮登
　　　　記をした（平成○年○月○日○法務局受付第○号）。
　　(3)　平成○年○月○日、Ａ及びＢは農地法第5条の許可を得、平成○年
　　　　○月○日、当事者に許可書が到達した。　（注3）
　　(4)　平成○年○月○日、ＢはＡに対し、前記(1)の売買契約に基づく売
　　　　買代金の残額全部を支払い（注4）、Ａはこれを受領した。
　　(5)　よって、平成○年○月○日（注5）、本件不動産の所有権はＡからＢ
　　　　に移転したので、前記(2)の仮登記に基づく本登記の申請をする。
　　（以下省略）

(注1)　2(4)の日が売買の日となる（農地法5条の許可書が到達し、かつ、売買
　　　　代金の完済があった日である。）。
(注2)　附款付売買契約が成立した日（本Ｑ(1)の登記原因証明情報1(2)）。
(注3)　農地法5条の許可があった日、及び許可書が当事者に到達した日。
(注4)　売買代金が完済された日。本例は、手付金が支払われている場合であ
　　　　る。手付金の有無にかかわらず、「売買代金の完済があり」としてもよい。
(注5)　(注4)の日である。
〔条件付所有権移転仮登記の本登記（登記記録例607参照）〕

| 2 | 条件付所有権移転仮登記 | 平成○年○月○日第○号 | 原因　平成○年○月○日売買
（条件　農地法第5条の許可及び売買代金完済）
権利者　○市○町○丁目○番地
　　　　Ｂ |
| | 所有権移転 | 平成○年○月○日第○号 | 原因　平成○年○月○日売買
所有者　○市○町○丁目○番地
　　　　Ｂ |

Ｑ40参照。

Ｑ120〔遺贈の仮登記〕
　遺贈の仮登記は、登記することができるか

仮登記全般（仮登記の本登記を除く）

仮登記全般（仮登記の本登記を除く）	**Q121〔死因贈与の仮登記〕** 農地の死因贈与契約に基づき贈与者の生前中に所有権移転の仮登記を申請できるか。仮登記の申請ができるとした場合の申請情報・添付情報を示せ	Q50参照。
	Q122〔仮登記権利者・仮登記義務者の死亡〕 農地について甲から乙へ死因贈与を原因とする始期付所有権移転仮登記がされた後に、農地法の許可がされないまま甲、乙が順次死亡している場合、仮登記の抹消登記方法は	不動産の所有権が甲（仮登記義務者）からAに相続による所有権移転登記がされている場合、乙の始期付所有権移転仮登記の抹消登記は、Aを登記権利者、仮登記権利者の相続人全員を登記義務者とし、登記原因を仮登記権利者の死亡した日をもって「年月日条件不成就」として申請することができる（登研576・143）。
	Q123〔条件を農地法3条又は5条の許可とする仮登記〕 停止条件付所有権移転仮登記の条件を「農地法第3条又は第5条の許可」とする仮登記は、することができるか	できる。先例としては、次のものが示されている。 新規開発鉱山の鉱業用地を確保するために農地の買収を進めているが、買収目的農地の具体的な転用目的が定まらないので農地法5条許可申請を直ちに行えない事情があり、また事業計画の変更等により鉱業用地としては不要となった場合にも、売主との間の売買契約を解除せず、同契約における買主の地位を他の者に承継させる考えがある場合、「農地法第3条又は第5条の許可」を条件とする停止条件付所有権移転の仮登記をすることができる（昭41・11・28民三918）。 memo.　「農地法第3条又は第5条の許可」という条件が可能であることは、農地法上の許可

の特殊性によるもので（注）、一般的に選択的条
件を列挙しての条件付所有権移転仮登記につい
ては疑問とされる（（注）も含めて不動産登記先例
解説総覧751頁）。

(注)① 農地法3条、5条の許可のいずれも公益
　　　的な理由から都道府県知事［現在は、3条－
　　　農業委員会、5条－都道府県知事等］の許可
　　　を要するとされているものであり、3条の
　　　許可も5条の許可も異質なものではない。
　　② 先例は、農地法3条の許可を条件とす
　　　る仮登記を、農地法5条の許可書を提供し
　　　て本登記の申請をすることを認めている
　　　（昭37・1・9民三5）。
　　　農地法5条の許可を条件とする仮登記を、
　　　農地法3条の許可書を提供して本登記の申
　　　請をすることができるものと解されている
　　　（→Q132）。

「平成30年3月1日地目変更」を原因として農地から宅地に地目変更の登記がされている土地について、「平成30年4月1日売買（条件　農地法第3条の許可）」とする所有権移転仮登記を申請することはできない（登研576・143）。	**Q124〔非農地について農地法の許可を条件とする仮登記〕** 非農地について農地法の許可を条件とする条件付所有権移転仮登記は可能か
市街化区域内にある農地について、農業委員会に農地法5条1項3号［現行6号］の届出をする前に条件付所有権移転仮登記の申請をする場合の条件は、「農地法5条の届出」とする（登研471・135）。 `memo.`　＜農地法5条1項6号＞ 市街化区域内にある農地又は採草放牧地につき、政令（農地令10①）で定めるところによりあ	**Q125〔市街化区域内の条件〕** 市街化区域内の農地について、条件付所有権移転仮登記の条件の記載方法は

仮登記全般（仮登記の本登記を除く）

らかじめ農業委員会に届け出て、農地及び採草放牧地以外のものにするためこれらの権利を取得する場合。

Q126〔仮登記の条件を農地法5条の許可から3条に変更〕

条件付所有権移転仮登記の条件を農地法5条の許可から3条に変更できるか。できるとした場合、仮登記後の抵当権登記名義人は利害関係人になるか

条件付所有権移転仮登記の条件を「条件　農地法第5条の許可」と仮登記した後に、転用目的をやめて「条件　農地法第3条の許可」とする当該仮登記の変更登記はすることができる。

農地法5条の許可の仮登記後に登記された抵当権登記名義人は、不動産登記法56条1項［現不動産登記法66条］の利害関係人に当たらない（昭61・8・1民三5896）。

memo.　＜参考先例＞

農地法3条の許可があったときは所有権が移転する停止条件付の仮登記がされている不動産に対し、農地法5条の許可書を申請情報と併せて提供して、その本登記の申請があった場合は受理して差し支えない（昭37・1・9民三5）。

Q127〔合意解除抹消と許可書の要否〕

合意解除により、所有権移転仮登記、農地法の許可を条件とする条件付所有権移転仮登記、所有権移転請求権仮登記の抹消登記を申請する場合、農地法所定の許可書を要するか

(1)　1号仮登記の抹消

合意解除による所有権移転仮登記の抹消登記の申請には、農地法所定の許可書の提供を要する（登研148・49）。

農地の売買契約を、農地法所定の許可後に、当事者の合意によって解除する場合には、買主から売主へ所有権を移転する行為となるので都道府県知事等（農地5①）、又は農業委員会（農地3①）の許可を要する。許可前の合意解除であれば、そもそも売主から買主へ所有権が移転していないので、許可の問題は生じない（転用のための農地売買・賃貸借222頁）。

6 仮登記　165

(2)　2号仮登記の抹消

　　条件付所有権移転仮登記及び所有権移転請求権仮登記の合意解除による抹消の場合は、農地法所定の許可書の提供は不要である（登研276・69、同148・49）。

memo.　＜売買契約の債務不履行による解除＞

所有権移転登記の抹消請求事案であるが、債務不履行による解除について判例は、「売買契約の解除は、その取消の場合と同様に、初めから売買のなかった状態に戻すだけのことであって、新たに所有権を取得せしめるわけのものではないから、農地法3条の関するところではない」としている（最判昭38・9・20判時354・27）。

仮登記全般（仮登記の本登記を除く）

166 ⑥ 仮登記

仮登記の本登記

Q128〔農地法5条の許可・代金完済時に所有権が移転〕 農地法5条の許可及び売買代金完済時に所有権が移転する旨の売買契約が締結され仮登記をした場合、仮登記の本登記は、どのようにすべきか	Q119参照。
Q129〔仮登記原因の更正〕 所有権移転請求権仮登記の仮登記原因を「売買予約」としたときは、この仮登記の本登記原因を「代物弁済」とする申請はできないか	仮登記原因「売買予約」を「代物弁済の予約」と更正しない限り、代物弁済による所有権移転登記手続を命ずる判決に基づき、仮登記名義人が単独で本登記の申請をすることはできない。この判決に基づいて仮登記名義人が単独でその更正登記の申請をすることはできない（昭34・11・13民甲2438）。 **memo.** ① 更正登記をすることができるためには、更正の前後を通して登記としての同一性が認められるような場合であることが必要である（幾代他・不動産登記法186頁）。 ② 仮登記原因「年月日売買予約」と本登記原因「年月日売買」との間には関連性があり、同一性があるといえる。しかし、「代物弁済予約で仮登記されているものについて年月日売買を登記原因とする仮登記の本登記の申請ということは当然許されない」（登先186・7）。
Q130〔死因贈与の仮登記の本登記〕 農地について始期付所有権移転仮登記をしているところ、贈与者の死亡により当該仮登記を本登記にする所有権移転	Q51参照。

	登記の申請情報・添付情報を示せ

受理して差し支えないとされている（昭37・1・9民三5）。

農地法という法律を遵守させるための公益上の理由（農地法制定の目的については同法1条参照。）から、同法3条又は5条で所有権移転を許可制とするが、所有権移転を受けるための許可という点では同じであり、物権変動そのものについてはなお同一性がある（→ memo. ）ので受理して差し支えない、というのが本件先例の趣旨とされる（登先186・9）。

memo. 請求権保全の仮登記の例でいうと、「年月日売買予約」と、この仮登記の本登記「年月日売買」との間には原因日付については一致しないが関連性はある、こういう意味で同一性があるということになる（登先186・7）。これに対し、仮登記原因が「年月日代物弁済予約」の場合、その本登記原因を「年月日売買」とすることはできない（登先186・7）。

Q131〔条件3条許可・5条で本登記申請〕

農地について条件を農地法3条の許可とする条件付所有権移転仮登記をした後、農地法5条の許可書を提供して仮登記の本登記をすることはできるか

〔仮登記の内容〕

　昭和49年5月2日受付第3402号

　条件付所有権移転仮登記

　原因　昭和49年5月1日売買（条件　農地法第5条の許可）

〔先　例〕

受理して差し支えないとしている（昭51・10・15民三5413）。

memo. 先例の趣旨についてはQ134参照。

Q132〔条件5条許可・3条で本登記申請〕

農地について条件を農地法5条の許可とする条件付所有権移転仮登記をした後、農地法3条の許可書を提供して仮登記の本登記をすることができるか

6 仮登記

Q133〔条件5条許可・5条届出で本登記申請〕
農地について「条件　農地法第5条の許可」とある条件付所有権移転仮登記を、農地法5条の届出受理通知書を提供して本登記できるか

農地法5条1項本文の許可を条件とする条件付所有権転仮登記がされている農地について、同法5条1項3号［現6号］の届出に係る受理通知書を添付して本登記の申請があった場合には、当該申請は受理される（昭44・8・29民甲1760）。

memo. 上記の場合における本登記の申請情報に記録すべき登記原因の日付は、当該受理通知書に記載された届出が効力を生じた日以降の日でなければならない（昭44・8・29民甲1760）。

Q134〔条件5条仮登記・仮登記移転・3条で本登記〕
農地法5条の許可を条件とする条件付所有権移転仮登記を譲り受けた者は、3条許可書で仮登記を本登記にすることができるか

農地につき、Aのため農地法5条の許可を条件とする所有権移転の仮登記がされ、この仮登記上の権利をBが譲り受け、その旨の登記がされている場合において、Bが農地法3条の許可を得てする本登記の申請は、受理される（昭51・10・15民三5413）。

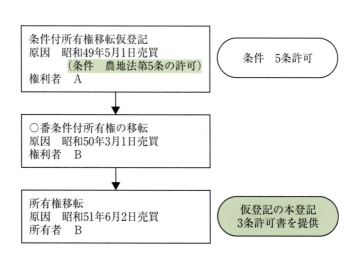

［5条仮登記・3条本登記の図］

6 仮登記 169

memo. 甲所有名義の農地につき、Aが農地法5条の許可を条件とする条件付所有権移転仮登記を受けた後、Bがこの条件付所有権の移転の付記登記を受けている場合において、甲・A間の農地法5条の許可書を添付して、甲・Bから仮登記の本登記の申請がなされた場合、この本登記の申請は受理されない（登研337・70）。

Q152参照。

Q135〔仮登記後の売主の死亡と本登記手続〕

農地法5条の許可を条件とする条件付所有権移転仮登記をした後、5条許可申請前に売主が死亡した場合、本登記手続はどのようにするのか

仮登記の本登記

170 7 農地法と地目変更登記

Q136〔地目変更通達〕

「登記簿上の地目が農地である土地について農地以外の地目への地目の変更の登記申請があった場合の取扱いについて」の通達を示せ

昭和56年8月28日民三5402号各法務局長、地方法務局長あて民事局長通達は、次のとおりである。

登記簿上の地目が農地である土地について農地以外の地目への地目の変更の登記申請があった場合の取扱いについて（通達）

　最近一部の地域において、農地について、農地法上必要な許可を得ないで造成工事等を行った上、標記の登記申請をする事例が多く生じているが、中には、その処理をめぐり、地目の変更及びその日付に関する登記官の認定が厳正を欠いているとの批判や、登記官が農地法の潜脱に加担したものであるかのような誤解を招くに至った事例もみられる。

　このような事態にかんがみ、今後標記の登記申請があった場合には、特に左記の点に留意の上、農地行政の運営との調和に配意しつつ、地目の変更及びその日付の認定を厳正に行うことにより、いやしくも右のような批判や誤解を招くことがないように処理するよう貴管下登記官に周知方取り計らわれたい。

　なお、標記の登記申請に当たり、申請人、申請代理人等が登記官に対し、不当な圧力をかけてその申請の早期受理を強く迫る場合も見られるので、このような場合には、その対応について臨機に適切な措置を講ずるよう配意されたい。

　おって、左記一の1から3までについては、農林水産省と協議済みであり、この点に関して同省構造改善局長から各都道府県知事あてに別紙のとおり通達されたので、念のため申し添える。

記

一　標記の登記申請に係る事件の処理は、次の手続に従って行うものとする。

　1　登記官は、申請書に次の各号に掲げる書面のいずれかが添付されている場合を除き、関係農業委員会に対し、標記の登記申請に係る土地（以下「対象土地」という。）についての農地法第4条若しくは第5条の許可（同法第4条又は第5条の届出を含む。）又は同法第73条の許可（転用を目的とする権利の設定又は移転に係るものに限る。）（以下「転用許可」という。）の有無、対象土地の現況その他の農地の転用に関する事実について照会するものとする。

　(1)　農地に該当しない旨の都道府県知事又は農業委員会の証明書

　(2)　転用許可があったことを証する書面

　2　登記官は、1の照会をしたときは、農業委員会の回答（農業委員会事務局長

の報告を含む。以下同じ。）を受けるまでの間、標記の登記申請に係る事件の処理を留保するものとする。ただし、1の照会後2週間を経過したときは、この限りでない。

3　対象土地について農地法第83条の2の規定により対象土地を農地の状態に回復させるべき旨の命令（以下「原状回復命令」という。）が発せられる見込みである旨の農業委員会の回答があった場合には、農業委員会又は同会事務局長から原状回復命令が発せられた旨又は原状回復命令が発せられる見込みがなくなった旨の通知がされるまでの間、標記の登記申請に係る事件の処理を更に留保するものとする。ただし、農業委員会の右回答後2週間を経過したときは、この限りでない。

4　対象土地の現況が農地である旨の農業委員会の回答があった場合において、対象土地の地目の認定に疑義を生じたときは、登記官は、法務局又は地方法務局の長に内議するものとする。

二　登記官が対象土地について地目の変更の認定をするときは、次の基準によるものとする。

1　対象土地を宅地に造成するための工事が既に完了している場合であっても、対象土地が現に建物の敷地（その維持若しくは効用を果たすために必要な土地を含む。）に供されているとき、又は近い将来それに供されることが確実に見込まれるときでなければ、宅地への地目の変更があったものとは認定しない。

2　対象土地が埋立て、盛土、削土等により現状のままでは耕作の目的に供するのに適しない状況になっている場合であっても、対象土地が現に特定の利用目的に供されているとき、又は近い将来特定の利用目的に供されることが確実に見込まれるときでなければ、雑種地への地目の変更があったものとは認定しない。ただし、対象土地を将来再び耕作の目的に供することがほとんど不可能であると認められるときは、この限りでない。

3　対象土地の形質が変更され、その現状が農地以外の状態にあると認められる場合であつても、原状回復命令が発せられているときは、いまだ地目の変更があったものとは認定しない。

三　申請人、申請代理人等の供述以外に確実な資料がないのに、地目の変更の日付を安易に申請どおりに認定する取扱いはしないものとする。

別紙

56構改Ｂ第1345号

昭和56年8月28日

知事　殿

農林水産省構造改善局長

登記簿上の地目が農地である土地の農地以外への地目変更登記に係る登記官からの照会の取扱いについて

不動産登記法による地目認定と農地法の統制規定との相互の運用の円滑化を図るための調整措置については、これまで「登記官吏が地目を認定する場合における農地法との関連について」（昭和38年7月8日付け38農地第2708号（農）、農林省農地局長通達）及び「登記官が地目を認定する場合における農地法との関連について」（昭和49年2月9日付け49構改Ｂ第250号、農林省構造改善局長通達）により運用してきたところであるが、最近一部の地域において、農地につき農地法の許可なく転用し、登記簿上の地目を農地以外の地目に変更登記した上譲渡する等の事態が生じている。

このような事態は、優良農用地を確保し、良好な農業環境を保持することを目的とする転用規制等農地法の励行確保を期する上で看過することができないものであり、その未然防止を図るためには、基本的には農地担当部局等において、不断に農地事情の迅速適確なは握に努めるとともに、適切な是正措置を適時に講じていく必要があることは当然である。しかし、違法な転用行為の防止や適時の是正措置の実施等転用規制の厳正な執行に万全を期するためには、併せて不動産登記制度と農地制度との相互の運用の整合性を可能な限り確保していくことが肝要であり、このため、法務省民事局長と登記簿の地目が農地である土地の農地以外への地目変更の登記申請があつた場合の取扱いについて協議を行ってきたところである。

その結果、登記簿上の地目が農地である土地の農地以外への地目変更登記の取扱いに関し、登記官は、地目変更登記申請に農地法の転用許可証等又は都道府県知事若しくは農業委員会の農地に該当しない旨の証明書が添付されていないものについては、必ず農業委員会に農地法の転用許可等の有無、現況が農地であるか否か等について照会するとともに、農業委員会の回答をまって登記事案の処理が行われることとなった。また、違法転用に係る事案で、都道府県知事が農地の状態に回復すべき旨の命令（以下「原状回復命令」という。）を発する見込みであるものについては、登記官は、原状回復命令が発せられるまで登記事案の処理を更に留保し、原状回復命令が発せられたときは登記申請を却下することとされ、別添のとおり法務省民事局長より通達されたところである。

ついては、登記官からの照会に係る事務の処理についてその取扱いを下記のとおり定めたので、これが処理に当たっては迅速に対処し、登記官に対する回答期限の厳守については特に配慮し、遺憾なきを期するとともに、登記官からの照会により違法転用の事実又はその可能性が明らかになつた事案については、適時適切に違法行為の防止又は是正のための措置が講じられるよう措置されたい。

なお、「登記官吏が地目を認定する場合における農地法との関連について」（昭和38年7月8日付け38農地第2708号（農）、農林省農地局長通達）及び「登記官が地目を認定する場合における農地法との関連について」（昭和49年2月9日付け49構

改Ｂ第250号、農林省構造改善局長通達）は、廃止する。

　おって、貴管下農業委員会に対しては、貴職からこの旨通達されたい。

記

一　農業委員会の処理

　(1)　農業委員会は、登記官から標記照会を受けたときは、照会に係る土地について農地法第4条、第5条又は第73条の許可（届出を含み、第73条にあっては転用を目的とする場合に限る。以下「転用許可」という。）を受けているか否かを確認し、更に転用許可を受けていない事案については転用許可を要しないものであるか否かを確認するとともに、原則として農業委員3人以上と農業委員会事務局職員により遅滞なく現地調査を行い、現況が農地であるか否かを確認するものとする。この場合において、転用許可を要しない事案には、転用許可の適用が除外されているもののほか、災害によって農地以外の土地に転換しているもの等が含まれるので、留意するものとする。

　(2)　農業委員会は、(1)の調査の結果、転用許可を要する事案で、かつ、転用許可を受けないで農地転用行為が行われているものがあった場合には、直ちに当該事案について都道府県農地担当部局に報告し、原状回復命令を発する予定があるか否かについて適宜の方法により同部局に確認するものとする。

　(3)　農業委員会は、登記官が標記照会をした日から2週間以内に、別紙様式第1号により登記官に回答するものとする。

　(4)　農業委員会は、(3)により近く原状回復命令が発せられる見込みである旨の回答をした事案について次の事項を確認したときは、速やかに別紙様式第2号又は第3号により登記官に通知するものとする。この場合において、当該通知は(3)の回答の日から2週間以内に行うものとする。

　　ア　都道府県知事が原状回復命令を発したとき

　　イ　原状回復命令を発する見込みがなくなったとき

　(5)　農業委員会の総会又は農地部会の開催の都合等により農業委員会が(2)の報告、(3)の回答又は(4)の通知を適時に行うことができないときは、農業委員会事務局長が(2)の報告若しくは(4)の通知をし、又は(3)の回答に代わる調査結果の報告をするものとする。

　(6)　農業委員会は、(3)又は(4)による回答又は通知の期限が差し迫っている事案については、適宜の方法によりあらかじめ登記官と連絡調整し、事案の適確な処理が図られるよう努めるものとする。

二　都道府県農地担当部局の処理

　(1)　都道府県農地担当部局は、一の(2)により農業委員会から報告を受けたときは、遅滞なく現地調査を行い、原状回復命令を発する予定があるか否かに

ついて、適宜の方法により農業委員会に通知するものとする。

(2)　都道府県農地担当局は、農業委員会が一の(3)又は(4)による登記官への回答又は通知をそれぞれ所定の期限内に行い得るよう、事務処理の迅速化に努めるものとする。

(3)　都道府県農地担当局は、農業委員会の回答に係る農地の地目の認定に疑義が生じた場合において、法務局又は地方法務局から協議を受けたときは、農業委員会から当該協議に係る地目の認定の経緯、認定の理由等を聴取するとともに、現地調査をした上、法務局又は地方法務局と協議し、その結果を農業委員会に通知するものとする。

三　その他

(1)　農業委員会及び都道府県農地担当部局は、一の(3)又は(4)の回答又は通知がそれぞれ所定の期限内に行われない場合には登記官は照会に係る事案の登記申請を処理することとなることに留意し、照会に係る事案の迅速かつ適正な処理に努めるものとする。

　なお、農業委員会又は都道府県農地担当部局は、農地を違法転用し、あるいは違法転用に係る農地の登記簿上の地目を農地以外の地目に変更している事案については、既に第三者に譲渡されているものを含め、その実態に即し、その所有者又は行為者等に対し、土盛その他の転用行為の中止、原状回復等の勧告を行い、原状に回復されたときは登記簿上の地目の農地への変更登記申請等の指導を行うものとし、当該勧告及び指導に従わない者に対しては、農地法第83条の2の規定に基づく措置命令を発する等の措置を講じ、更に当該命令等に従わない者については行政代執行の検討及び捜査機関に対する農地法違反の告発を行うことを考慮する等により、農地法の厳正な励行確保を期するものとする。

(2)　農業委員会及び都道府県農地担当部局は、一の(2)並びに二の(1)及び(2)により事務の処理をすることが「農地等転用関係事務処理要領」(昭和46年4月26日付け46農地Ｂ第500号、農林省農地局長通達)第3に定める事務処理手続と異なる場合には、事務処理の迅速化を図る観点からこの通達の定めるところにより処理することとし、原状回復命令を発するに際しての書面による農業委員会に対する意見の聴取を省略して差し支えない。

様式第1号　（省略）
様式第2号　（省略）
様式第3号　（省略）

memo.　Q137の依命通知参照。

7 農地法と地目変更登記　175

昭和56年8月28日民三5403号各法務局長、地方法務局長あて民事局第三課長依命通知は次のとおりである。

Q137〔地目変更依命通知〕
「登記簿上の地目が農地である土地について農地以外の地目への地目の変更の登記申請があった場合の取扱いについて」の依命通知を示せ

　　　登記簿上の地目が農地である土地について農地以外の地目への地目の変更の登記申請があった場合の取扱いについて（依命通知）

　標記については、本日付け法務省民三第5402号をもって民事局長から通達（以下「通達」という。）されたところですが、この運用に当たっては、左記の点に留意するよう貴管下登記官に周知方しかるべく取り計らわれたく通知します。
　　　　　　　　　　　　　　　　記
一　通達が発せられた背景
　登記簿上の地目が農地である土地について農地以外の地目への地目の変更の登記がされると、農地法上必要な転用許可がない場合であっても、その登記前と比べて数倍ないし十数倍の価格でこれを売却することができるという実態があること等から、最近一部の地域において、農地について、転用許可を得ないで簡易な造成工事を施すなどした上で、農地以外の地目への地目の変更の登記を申請する事例が多くなっている。
　また、都市計画法上、市街化調整区域においては、原則として都道府県知事の許可を受けなければ建築物の新築等をしてはならないこととされている（同法第43条第1項）が、市街化調整区域に関する都市計画の決定又は変更（いわゆる線引き）の際既に宅地であった土地（いわゆる既存宅地）については、その旨の都道府県知事の確認を受ければ建築物の新築等が許されることとなっている（同項第6号ロ）ところ、いわゆる既存宅地である旨の確認に当たっては、地目の変更の登記の原因日付の記載がその有力な資料として用いられているという実情にあるため、市街化調整区域内の土地（農地に限らない。）について、地目の変更の日付がいわゆる線引きの日より前の日（通常十数年前の日）であると主張して宅地への地目の変更の登記を申請する事例も少なくない。
　標記の登記申請に係る事件の処理に当たっては、地目の変更又はその日付の認定を厳正に行うべきことはいうまでもないが、同時にできるかぎり農地行政

や都市計画行政の運営との調和にも配意することが望ましいと考えられるところから、今般農林水産省とも協議の上、標記の取扱いについて通達が発せられることとなったものである。

二　登記申請処理上の留意点

1　標記の登記申請があったときは、登記官は、原則として関係農業委員会に対し農地の転用に関する事実の有無について照会すべきこととされた（通達一の1）が、この照会は、農業委員会又は都道府県知事においてこれを端緒として農地の違反転用の防止又は是正の措置を講ずることができるようにするとともに、登記官において農業委員会から地目の変更の有無の認定に必要な資料を得るために行うものである。

2　通達一の1による照会は、別紙様式又はこれに準ずる様式によってするものとする。

3　登記官から照会を受けた農業委員会は、照会を受けた日から2週間以内に登記官に回答をするものとされているが、農業委員会の総会又は農地部会がおおむね月1回程度しか開催されないため、所定の期間内に回答をすることができないこととなるときは、登記官に対して農業委員会事務局長から調査結果の報告がされるので、この報告があったときは、農業委員会の回答があった場合と同様に取り扱うものとする。

4　農業委員会に照会をしたときは、原則としてその回答があるまで事件の処理を留保すべきであるが、照会後2週間以内に農業委員会の回答がないときは、登記官は、実地調査を実施した上、対象土地の現在の客観的状況に応じて、申請を受理し又は却下して差し支えない（通達一の2）。

5　原状回復命令が発せられる見込みである旨の農業委員会の回答があったときは、原則として農業委員会又は同会事務局長から原状回復命令が現実に発せられた旨又は発せられる見込がなくなった旨の通知があるまで事件の処理を更に留保すべきであるが、原状回復命令が発せられる見込みである旨の農業委員会の回答後2週間以内に原状回復命令が発せられたかどうかについての通知がないときは、登記官は、実地調査を実施した上、対象土地の現在の客観的状況に応じて、申請を受理し又は却下して差し支えない（通達一の3）。

6　対象土地が農地である旨の農業委員会の回答があった場合において、対象土地の地目の認定に疑義を生じたときは、登記官は法務局又は地方法務局の長に内議するものとされた（通達一の4）が、これは、農地行政の運営との調和を図りつつ、管内の登記行政の統一的運営を確保するためにするものである。

7　対象土地を宅地に造成するための工事が既に完了している場合であっても、

対象土地が現に建物の敷地若しくはその維持・効用を果たすために必要な土地（以下「建物の敷地等」という。）に供されているとき、又は近い将来建物の敷地等に供されることが確実に見込まれるときでなければ、宅地への地目の変更があったものと認定すべきではない（通達二の1）が、対象土地を宅地に造成するための工事が完了している場合において、次の各号のいずれかに該当するときは、対象土地が近い将来建物の敷地等に供されることが確実に見込まれるものと認定して差し支えない。

(1) 建物の基礎工事が完了しているとき。

(2) 対象土地を建物の敷地等とする建物の建築について建築基準法第6条第1項の規定による確認がされているとき。

(3) 対象土地を建物の敷地等とするための開発行為に関する都市計画法第29条の規定による都道府県知事の許可がされているとき。

(4) 対象土地を建物の敷地等とする建物の建築について都市計画法第43条第1項の規定による都道府県知事の許可がされているとき。

8 対象土地が形質の変更により現状のままでは耕作の目的に供するのに適しない状況になっており、かつ、対象土地が不動産登記事務取扱手続準則第117条イからネまでのいずれの土地にも該当しないと認められる場合であっても、対象土地が現に特定の利用目的に供されているとき、又は近い将来特定の利用目的に供されることが確実に見込まれるときでなければ、原則として雑種地への地目の変更があったものと認定すべきでない（通達二の2本文）が、対象土地が現に特定の利用目的に供されておらず、また、その将来の利用目的を確実に認定することもできないときであっても、諸般の事情から対象土地が将来再び耕作の目的に供することがほとんど不可能であると認められるときは、雑種地への地目の変更があったものと認定して差し支えない（通達二の2ただし書）。

9 対象土地の形質が変更され、その現状が農地以外の状態にあると認められる場合であっても、原状回復命令が発せられているときは、いまだ地目の変更があったものとは認定しないものとされた（通達二の3）が、これは、原状回復命令が発せられている以上、その命令を受けた者は自ら対象土地を農地の状態に回復する義務があり（農地法第93条第3号参照）、また、その命令を発した行政庁が行政代執行により対象土地を農地の状態に回復させることもできる（行政代執行法参照）ことにかんがみ、対象土地の現在の客観的状況がそのまま将来にわたって固定的安定的に継続するとはいい難いので、対象土地の地目の変更があったものとは認定すべきでないからである。

通達二の3はこのような趣旨であるから、原状回復命令が発せられている場

合であっても、原状回復がされないまま長期間が経過し、その命令を受けた者がこれに従う見込みがなく、また、行政庁が行政代執行をする見込みもないと認められるときは、登記官は、実地調査を実施した上、その当時における対象土地の客観的状況に応じ、地目を認定して差し支えない。

10　地目の変更の日付は、確実な資料に基づいて認定するものとし、安易に申請どおりに認定すべきでない（通達三）が、確実な認定資料が得られないときは、「年月日不詳」、「昭和何年月日不詳」等として差し支えない。なお、登記簿上の地目が農地以外の土地についてする地目の変更の日付の認定も、これと同様に処理するものとする。

（様式）

農地の転用事実に関する照会書（省略）

Q138〔地目変更登記と地積〕

畑又は田を宅地に地目変更登記する場合、地積はどのように表示するのか

地積は、水平投影面積により、平方メートル（㎡）を単位として定め、1㎡の100分の1（宅地及び鉱泉地以外の土地で10㎡を超えるものについては、1㎡）未満の端数は、切り捨てる（不登規100）。例えば、畑の地積が実際には990.50㎡あったとしても、不動産登記規則100条の規定により、畑としての登記記録上の地積は「990㎡」と表示される。これを宅地に地目変更登記したときは、「990.50㎡」と1㎡の100分の1までの小数を表記する。小数の表記については、提出済みの地積測量図の記載を援用することができる（昭41・5・10民三406参照）。

登記所に地積測量図が提出されておらず、地目変更登記の申請に地積測量図を提出しないときは、前記例では「990.00㎡」とするのが登記実務である。

＜地目の変更（登記記録例8）＞

表題部（土地の表示）		調製	余　白	不動産番号	1234567890123
地図番号	余　白	筆界特定	余　白		
所　　在	○市○町三丁目			余　白	

① 地　番	② 地　目	③ 地　積　　　㎡	原因及びその日付〔登記の日付〕
25番	畑	990	余　白
余　白	宅地	990 : 50	②③平成○年○月○日地目変更〔平成○年○月○日〕

不動産の表示に関する登記のうち次に掲げるものについては、司法書士も申請手続を行うことができる。ただし、③ないし⑥に掲げる登記については、土地家屋調査士の作成する所要の図面を添付する場合に限る（昭44・5・12民甲1093）。

① 所有者の表示の変更又は更正の登記

② 共有持分の更正の登記

③ 裁判の謄本を添付してする登記

④ 債権者代位によってする登記

⑤ 相続人がする土地又は建物の分割又は合併の登記

⑥ 不動産登記法83条3項〔現不動産登記法40条・不動産登記規則104条〕（同法96条ノ2第2項〔現不動産登記規則130条〕において準用する場合を含む。）の書面を添付してする土地又は建物の分割の登記

⑦ 農業委員会の現況証明書を添付してする農地法5条の許可に係る地目変更の登記

Q139〔司法書士ができる地目変更登記申請〕

司法書士は、農地等の地目変更登記の申請をすることができるか

登記官は、後記転用許可書等（(1)又は(2)）の提供により、農地法の適用を受けない土地であることが確認できる場合には、農業委員会に対する農地の転用に関する事実について照会することを要しない（昭56・8・28民三5402。この通達の一部を次に掲げる。）。

Q140〔地目変更と許可書等の提供〕

地目が農地である土地を農地以外の土地に地目を変更する登記の申請には、転用許可書等を提供する必要があるか

7 農地法と地目変更登記

農地法と地目変更登記

「登記官は、申請書に次の各号に掲げる書面のいずれかが添付されている場合を除き、関係農業委員会に対し、標記の登記申請に係る土地（以下「対象土地」という。）についての農地法第4条若しくは第5条の許可（同法第4条又は第5条の届出を含む。）又は同法第73条の許可（転用を目的とする権利の設定又は移転に係るものに限る。）（以下「転用許可」という。）の有無、対象土地の現況その他の農地の転用に関する事実について照会するものとする。

(1) 農地に該当しない旨の都道府県知事又は農業委員会の証明書

(2) 転用許可があったことを証する書面」

memo. 前記(1)の証明書としては、都道府県知事又は農業委員会の証明に係る①非農地証明書、②現況証明書（非農地）、③現地目証明書（非農地）、④転用事実確認証明書等が該当する（表示に関する登記の実務2・252頁）。

Q141 〔登記原因日付と許可書〕

農地から非農地への地目変更登記後、地目変更前の登記原因日付で所有権移転登記を申請することができるか

農地から非農地へ地目変更がされている土地について所有権移転登記の申請をするについて、所有権移転登記の登記原因日付が地目変更日より前の日付である場合には、農地法に基づく許可書の提供を要する（登研460・103）。

例えば、農地について平成30年2月10日売買契約を締結し、同年3月20日に非農地に地目変更された後に、平成30年2月10日売買を登記原因とする所有権移転登記を申請するためには、農地法所定の許可書の提供を要する。ただし、地目変更日以後の日を登記原因日付とする所有権移転登記については、農地法の適用はなく、農地法所定の許可書の提供を要しない。

> **memo.** 「年月日不詳地目変更」として登記されている土地については、許可書の添付を要しない（登研460・103）。

Q142〔農地法許可書と地目変更の日〕

農地法5条の許可を条件として平成29年2月10日売買による条件付所有権移転仮登記をしている農地が、宅地とする地目変更登記がされた。この仮登記の本登記の登記原因日付は、どのようにすればよいか

［事例図1］〜農地法5条の許可が地目変更日よりも前

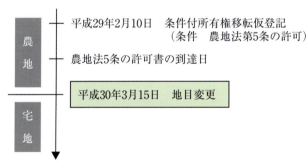

［事例図2］〜農地法5条の許可が地目変更日よりも後

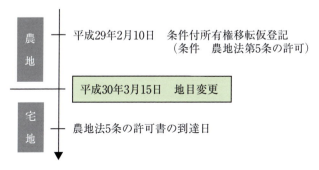

7 農地法と地目変更登記

仮登記に基づく本登記の登記原因日付は、地目変更の原因日付を基準にして、①農地法5条の許可書の到達した日が地目変更の日よりも前であれば、農地法5条の許可書が到達した日をもって（事例図1）、また、②農地法5条の許可書の到達した日が地目変更の日よりも後であれば地目変更の日とする（事例図2）（実務からみた不動産登記の要点Ⅳ239頁・240頁、登研364号「登記簿」参照）。

Q143〔非農地について農地法の許可を条件とする仮登記〕
非農地について農地法の許可を条件とする条件付所有権移転仮登記は可能か

Q124参照。

Q144〔仮登記後に仮登記前の日でされた地目変更〕
平成30年4月10日売買（条件 農地法5条の許可）とする条件付所有権移転仮登記がされた後に、平成29年月日不詳とする宅地への地目変更登記の申請があった場合、仮登記の本登記の申請はできるか

(1) 先 例

　農地について、農地法5条の許可を条件とする条件付所有権移転の仮登記をした後、仮登記をする以前の原因日付をもって、地目を宅地とする地目変更登記がされた後に、売買を原因として仮登記に基づく所有権移転の本登記の申請がされた場合には、仮登記を不動産登記法105条1号の仮登記に更正した後でなければ、却下すべきとされている（農地法3条の事案として、昭40・12・7民甲3409）。

7 農地法と地目変更登記　183

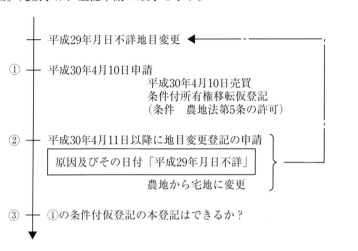

[事例図] 丸数字は、登記申請の順序を示す。

(2) 理　由

本Ｑでは、平成30年4月10日売買を原因とし、農地法5条の許可を条件とする条件付所有権移転の仮登記をした後に、平成29年月日不詳に地目を農地から宅地に変更したとする地目変更登記の申請が平成30年4月11日以降にされたものである。

平成30年に①の仮登記がされた後において、農地が宅地に変わったとする地目変更の日を①の登記の日よりも前の日で申請された場合には、①の仮登記は農地法が適用されない土地（非農地）であるのにもかかわらず、農地法5条の許可を条件とする仮登記がされたこととなり、この仮登記は誤りであるということになる。

(3) 仮登記の更正登記

非農地を対象とする①の仮登記を本登記とする申請は受理されないが、①の仮登記を不動産登記法105条1号の仮登記に更正した場合には、これに基づく本登記は受理さ

184   7　農地法と地目変更登記

れる（昭40・12・7民甲3409）。

①の2号仮登記を1号仮登記に更正する登記手続については、**Q145**参照。

`memo.`　本Qは農地法5条の許可を条件としているが、農地法3条の許可を条件とする場合でも同じである。

Q145〔2号仮登記を1号仮登記に更正する申請情報等〕

Q144の2号仮登記を1号仮登記に更正登記する申請情報・添付情報を示せ

〔2号仮登記を1号仮登記に更正登記する申請情報例〕

登　記　申　請　書

登記の目的　　○番条件付所有権移転仮登記更正

原　　　因　　錯誤

更正後の事項　目的　所有権移転仮登記　❶
　　　　　　　原因　平成30年4月10日売買

権　利　者　　○市○町○丁目○番地　〔仮登記名義人〕
　　　　　　　　B

義　務　者　　○市○町○丁目○番地　〔仮登記義務者・所有権登記名義人〕
　　　　　　　　A

添　付　情　報　❷
　　　　　　　登記原因証明情報　印鑑証明書　代理権限証明情報
　　　　　　　（承諾情報）

（以下省略）

---

❶　本件不動産は2号仮登記申請時においては既に非農地となっているため、1号仮登記に更正登記するものである。

7 農地法と地目変更登記　185

❷① 登記原因証明情報（不登61）

　　　後記例参照。

② 仮登記義務者の印鑑証明書（不登令16・18）

③ 承諾情報（不登66）

　　　更正登記をするにつき、登記上の利害関係を有する第三者があるときは、その承諾がある場合に限り、付記登記によってすることができる。

④ 代理権限証明情報（不登令7①二）

＜登録免許税＞

　　　不動産1個につき金1,000円（登税別表1・1・(12)へ）。

〔2号仮登記を1号仮登記に更正登記する登記原因証明情報例〕

登記原因証明情報　　（注）

1　登記申請情報の要項

　(1)　登記の目的　　○番条件付所有権移転仮登記更正

　(2)　登記の原因　　錯誤

　(3)　更正後の事項　目的　所有権移転仮登記

　　　　　　　　　　　原因　平成30年4月10日売買

　(4)　当　事　者　　権利者　○市○町○丁目○番地

　　　　　　　　　　　　　　　　　　B

　　　　　　　　　　　義務者　○市○町○丁目○番地

　　　　　　　　　　　　　　　　　　A

　(5)　不動産の表示　　（省略）

2　登記の原因となる事実又は法律行為

　(1)　平成30年4月10日、AとBは、本件不動産につき、農地法第5条の許可があることを条件に売買契約を締結し、同日、売買代金全額を支払った。

　(2)　平成30年4月10日、AとBは、上記(1)の売買契約に基づき、条件付所有権移転仮登記を経由した（平成○年○月○日○法務局受付第○号）。

　(3)　今般、本件売買契約時には、本件不動産の現況は既に非農地であり、農地法第5条の許可は要しないことが判明した。本件不動産の売買代金全額は平成30年4月10日にBからAに支払済みであり、同日、本件不動産の所有権はAからBに移転している。

農地法と地目変更登記

186 　7　農地法と地目変更登記

(4)　よって、(2)の仮登記の目的を所有権移転仮登記、原因を錯誤として仮登記の更正登記を申請する。

（以下省略）

(注)　既に仮登記している条件付所有権移転仮登記を抹消して、別途、所有権移転登記をすることができるが、この仮登記後に後順位者の登記があるときには、更正登記をして本登記にする実益がある。

Q146〔年月日不詳地目変更〕
平成30年4月10日売買（条件　農地法5条の許可）とする条件付所有権移転仮登記がされた後に、年月日不詳とする宅地への地目変更登記の申請があった場合、仮登記の本登記の申請はできるか

本Qは、農地から宅地に地目変更した日が「年月日不詳」というものである。この場合には、2号仮登記に基づく本登記の登記原因の日付が、次のいずれの区分に分けることができるかによって、仮登記に基づく本登記の可否を判断することになる（実務からみた不動産登記の要点Ⅳ241頁）。

	本登記の原因日付	仮登記の本登記の可否
①	仮登記に基づく本登記の登記原因の日付が、仮登記の原因の日から地目変更登記の前日までの場合	左の期間内に、農地法の許可があったときは、許可の日（許可書到達の日）を原因日付として、仮登記に基づく本登記をすることができる。
②	仮登記に基づく本登記の登記原因の日付が、地目変更登記の日の場合	仮登記に基づく本登記の登記原因の日付と地目変更登記の日が同一の場合、農地法の許可が先の可能性があるから、仮登記に基づく本登記をすることができる。
③	仮登記に基づく本登記の登記原因の日付が、地目変更登記の翌日以降の日の場合	地目変更登記の翌日以降は非農地となっていたと考えるべきで、仮登記に基づく本登記の登記原因の日付が地目変更登記の日よりも後であれば、この仮登記では本登記をすることができない。

| | | 2号仮登記を1号仮登記に更正登記した場合には、本登記をすることができる（昭40・12・7民甲3409）（**Q144**参照）。 |

`memo.` 本Qは、非農地への地目変更の日が「年月日不詳」（登記記録上は「年月日不詳地目変更」）であるため、地目変更登記の日を基準としている。地目変更の日が不詳であっても、遅くても地目変更登記の日までには地目が変更されていることになる（地目変更登記の申請と登記の日が同日の場合）。

なお、表示に関する登記において、表題部の登記記録に記録される「登記の日付」とは、登記官が事件（例：地目変更登記の申請）を処理した日付（完了した日付）をいい（表示に関する登記の実務1・7頁参照）、申請の受付日とは限らない。

＜地目の変更（登記記録例8）＞

表題部（土地の表示）		調製	余 白		不動産番号	1234567890123
地図番号	余 白		筆界特定	余 白		
所　　在	○市○町三丁目				余 白	
①　地　番	②　地　目	③　地　積　　　㎡			原因及びその日付〔登記の日付〕	
25番	畑	990			余 白	
余 白	宅地	990｜50			②③平成○年○月○日地目変更〔平成○年○月○日〕	

現況は非農地でありながら登記記録上は農地とされている土地の買主は、売主（登記記録上の所有者）に代わって地目変更登記の代位申請を

Q147〔債権者代位による地目変更登記〕
現況は非農地であるが登記記

7 農地法と地目変更登記

録上は農地である土地の買主は、売主が地目変更登記をしない場合には、売主に代位して地目変更登記の申請をすることができるか

することができる（民423）。土地の買主は、所有権移転登記を受ける前提として地目変更登記の申請を行うべき義務のある売主に代位して地目変更登記を申請する実益があるが、売主には代位申請による不利益は何もない（事例にみる表示に関する登記(3)164頁、表示に関する登記の実務2・168頁参照）。

memo. 農地法4条の許可を得て現況は山林であるが登記簿［登記記録］上の地目が農地である土地を市町村が買収した場合に、市町村は、代位により農地を山林とする地目変更登記を申請することができる（登研554・133）。

| 8 | 農地法許可と当事者の死亡 | 189 |

農地法所定の許可がある前に売主が死亡しても、許可手続はそのまま進められ、それによる許可は有効な許可となる（不動産登記実務の視点V29頁）。この場合、許可前の売主の死亡により、買主への所有権移転の前に売主に相続が生じていることから、まず売主の相続人への相続登記をし、その後に許可書を添付して相続人と買主から売買による所有権移転登記の申請を行う。この申請で提供すべき農地法5条1項の許可書は、死亡した売主名義のものでよい（昭40・3・30民三309、登研545・155）。

Q148〔申請後・許可前に売主死亡〕
農地法5条1項の許可申請をしたが、許可前に売主が死亡した。この許可申請はどうなるか

農地の売主が農地法所定の許可があった後に死亡し、その後に許可書が到達した場合、当該許可は有効である（農地法3条の事例として、登研194・73）。
memo. 農地の売主Aが死亡し、その相続人Cへの相続登記がされた後に農地法3条の許可がA宛てになされた場合、許可の効力は相続人Cに及ぶので、当該許可書を添付してCから買主Bへの所有権移転登記を申請することができる（登研545・155）。

Q149〔許可書到達前に売主死亡〕
農地法5条1項の許可があった後、許可書が到達する前に売主が死亡した場合、その許可の効力はどうなるか

売主の相続人全員と買主とで所有権移転登記の申請を行う。売主の相続人中の1人と買主から申請することはできない（昭27・8・23民甲74）。
memo. 所有権移転登記義務の履行債務は、いわゆる不可分債務である。必要的共同訴訟の関係に立つものではない（最判昭36・12・15民集15・11・2865）。

Q150〔売主死亡と登記手続〕
農地法許可書到達後に売主が死亡した場合、買主への所有権移転登記は売主の相続人の1人から申請できるか

売主の死亡

190 8 農地法許可と当事者の死亡

Q151〔売主が許可後に死亡した場合の所有権移転登記の申請情報等〕
農地法の許可書到達後に売主が死亡した場合にする所有権移転登記の申請情報・添付情報を示せ

登 記 申 請 書

登記の目的　所有権移転

原　　　因　平成○年○月○日売買　❶

権　利　者　○市○町○丁目○番地　❷
　　　　　　　B

義　務　者　記載例(1)　❸
　　　　　　亡　A
　　　　　　相続人
　　　　　　　○市○町○丁目○番地
　　　　　　　　C
　　　　　　　○市○町○丁目○番地
　　　　　　　　D

　　　　　　記載例(2)　❹
　　　　　　　○市○町○丁目○番地
　　　　　　　亡A相続人　C
　　　　　　　○市○町○丁目○番地
　　　　　　　亡A相続人　D

添　付　情　報　❺

　　　　　登記原因証明情報　登記識別情報　相続証明情報

　　　　　印鑑証明書　住所証明情報　農地法許可書

　　　　　代理権限証明情報

（以下省略）

8　農地法許可と当事者の死亡

❶　農地法所定の許可を受けた後に売買契約をした場合は、売買契約が成立した日である。売買契約において所有権移転の時期について特約がある場合は、その特約に従う。農地法所定の許可を受ける前に農地法の許可を停止条件として売買契約をし、その後に許可があった場合は、許可があった日（許可書が到達した日）とする（昭35・10・6民甲2498、昭32・4・2民甲667）。

❷　登記権利者として買主の住所・氏名を記載する。

❸　登記義務者である被相続人（売主）の住所の記載は不要である（Ｑ＆Ａ210選164頁（注1）、不登令三十一ハ参照）。申請人が相続人である旨を記載する（不登令三十一ロ）。売主Ａの共同相続人全員を記載する（昭27・8・23民甲74）。

❹　新不動産登記書式解説(一)460頁書式参照。売主Ａの共同相続人全員を記載する。「亡Ａ相続人」と記載する（不登令三十一ロ）。

❺①　登記原因証明情報（不登61）
　　亡Ａ・Ｂ間の売買契約書、又は差入れ形式の登記原因証明情報。

②　登記義務者亡Ａの登記識別情報（不登22）

③　相続証明情報（不登62、不登令7①五イ・別表22項添付情報欄）
　　亡Ａの出生から死亡までの除籍謄本及び共同相続人全員の現在の戸籍謄（抄）本を提供する。

④　登記義務者亡Ａの相続人全員の印鑑証明書（不登令18）

⑤　登記権利者の住所証明情報（不登令別表30項添付情報欄ロ）

⑥　農地法所定の許可書（不登令7①五ハ）。

⑦　代理権限証明情報（不登令7①二）
　　代理人によって登記の申請をするときは、委任状を提供する。

＜登録免許税＞
　　課税価格の1,000分の20（登税別表1・1・(二)ハ）。

　　ただし、平成25年4月1日から平成31年3月31日までの間に、土地の売買による所有権移転登記を受ける場合は、課税価格の1,000分の15（租特72①）。100円未満は切り捨て（税通119①）。

memo.　登記義務者（売主）の住所変更がある場合→売買による所有権移転登記が未了のうちに登記義務者が死亡したためその相続人が登記権利者とともに登記を申請する場合、登記義

売主の死亡

8 農地法許可と当事者の死亡

売主の死亡

務者の登記記録上の表示に変更が生じているときは、所有権移転登記を申請する前提として登記名義人の表示変更の登記を申請することを要する（登研401・160）。

Q152〔仮登記後の売主の死亡と本登記手続〕
農地法5条の許可を条件とする条件付所有権移転仮登記をした後、5条許可申請前に売主が死亡した場合、本登記手続はどのようにするのか

農地法5条の許可を条件とするB名義の条件付所有権移転仮登記をした後、同条の許可申請前に仮登記義務者Aが死亡した場合には、Aの相続人C名義の相続登記を経た後に、B、Cで農地法の許可を得た上で、仮登記に基づく本登記をする（登研356・84）。

［事例図］

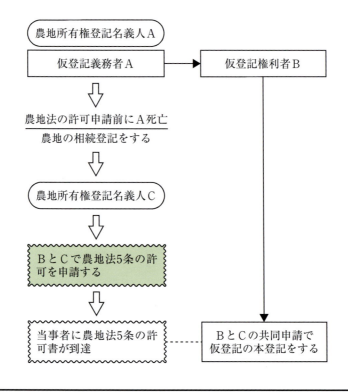

8 農地法許可と当事者の死亡 193

農地法3条1項の許可がある前に買主が死亡した場合、その後、買主に対してされた農地法3条1項の許可は無効であり、当該許可書を提供した所有権移転登記の申請は受理されない（昭51・8・3民三4443、登研124・45）。

memo. 「農地法3条の許可は、買主が当該農地を取得する資格を有しているか否かに重点を置いて許可するかどうかを判断する仕組みとなっているものと解することができる。そうであるならば、許可申請者の地位は、譲受人である買主に一身専属的に帰属しているものと解すべきであり、相続人には承継されない（民法896条ただし書参照）と解される」（不動産登記実務の視点V 31頁）。

Q153〔許可前に買主死亡〕
農地法3条1項の許可申請をし、その許可がある前に買主が死亡した場合、登記手続はどうなるか

農地法3条1項の許可後（許可書到達後）、所有権移転登記を申請するまでの間に買主が死亡した場合、その許可は有効である（登研124・45）。

Q154〔許可後に買主死亡〕
農地法3条1項の許可後（許可書到達後）に買主が死亡した場合、登記手続はどうなるか

Q155〔買主の死亡と登記名義人〕
農地の買主が農地法所定の許可を受け所有権を取得したが所有権移転登記をしないで死亡した場合、買主の相続人に直接所有権移転登記をすることができるか

買主の死亡

8 農地法許可と当事者の死亡

[事例図]

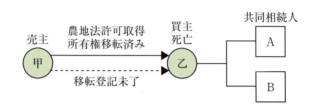

買主の死亡

買主の相続人に、直接所有権移転登記をすることはできない（登研486・134、同490・145）。
本Qの場合、売主甲から買主乙に所有権は移転しているが、その所有権移転登記をする前に買主乙が死亡しているので、被相続人（買主）乙の共同相続人ＡＢは乙の有していた登記請求権を承継し、被相続人（買主）乙の名義による所有権移転登記を申請することができる（不登62、登研644・81以下）。
買主の相続人1人からの申請→Q156。

Q156〔買主の相続人1人からの申請〕
農地につき被相続人（買主）を所有権登記名義人とする所有権移転登記を申請する場合（Q155の場合）、買主の相続人の1人から申請できるか

買主の共同相続人の1人から、被相続人（買主）を所有権登記名義人とする所有権移転登記を申請することができる（登研644・81以下）。被相続人（買主）の共同相続人ＡＢ全員は被相続人の有していた登記請求権を承継しているから、共同相続人全員は被相続人（買主）を所有権登記名義人とする所有権移転登記を申請することができる。ただし、被相続人（買主）を所有権登記名義人とする所有権移転登記の申請は民法252条ただし書に規定する保存行為に該当するから、被相続人（買主）の共同相続人中の1人は、売主と共同して登記の申請をすることができる。

8 農地法許可と当事者の死亡

Q157〔許可書到達後に買主死亡、所有権移転登記の申請情報等〕

農地法の許可書到達後に買主が死亡した場合の所有権移転登記の申請情報・添付情報を示せ

買主の死亡

登 記 申 請 書

登記の目的　　所有権移転
原　　　因　　平成○年○月○日売買　❶
権　利　者　　○市○町○丁目○番地　〔買主〕　❷
　　　　　　　　（亡）乙
　　　　　　　○市○町○丁目○番地　❸
　　　　　　　　上記相続人　A
義　務　者　　○市○町○丁目○番地　〔売主〕
　　　　　　　　甲
添　付　情　報　❹
　　　　　　　登記原因証明情報　登記識別情報　相続証明情報
　　　　　　　印鑑証明書　住所証明情報　農地法許可書
　　　　　　　代理権限証明情報
（以下省略）

---

❶　農地法所定の許可を受けた後に売買契約をした場合は、売買契約が成立した日である。農地法所定の許可を受ける前に農地法の許可を停止条件として売買契約をし、その後に許可があった場合は、許可があった日（許可書が到達した日）とする（昭35・10・6民甲2498、昭32・4・2民甲667）。所有権移転時期について特約があれば、その特約に従う。

❷　登記権利者として買主（亡）乙の氏名と最後の住所を記載する（→ memo. ）。買主乙の相続人A・Bが所有権登記名義人となるわけではない（登研644・81以下）。

❸ ここに記載する者は、登記権利者・買主（亡）乙の相続人中の1人を記載すればよい。申請人として「上記相続人　A」と記載する（不登令3十一ロ）。保存行為として、共有者（共同相続人）の1人から申請することができる（民252）。

❹①　登記原因証明情報（不登61）

甲乙間の売買契約書、この契約書が登記原因証明情報としての要件を具備していないときは、差入れ形式の登記原因証明情報を作成する。

②　登記義務者の登記識別情報（不登22本文）

③　相続証明情報（不登62、不登令別表22項添付情報欄）

（亡）乙名義の申請をするAが乙の相続人であることを証する情報として乙の死亡事項の記載がある乙の戸籍全部（個人）事項証明書（乙の出生から死亡までの除戸籍謄（抄）本までは不要）、及び、Aの現在の戸籍全部（個人）事項証明書を提供する（登研644・81以下）。

④　登記義務者の印鑑証明書（不登令16・18）

⑤　登記権利者・買主（亡）乙の最後の住所を証する住所証明情報

除かれた住民票の写し又は戸籍の附票等を提供する（不登令別表30項添付情報欄ロ）。

⑥　農地法所定の許可書（不登令7①五ハ）

⑦　代理権限証明情報（不登令7①二）

> **memo.**　相続関係説明図に記載する被相続人の住所は、被相続人の最後の住所を記載するが、登記記録上の住所と最後の住所が同一でないときはそれらを併記する（登研507・198）。
>
> 最後の住所が不明の場合は、行方不明者の戸籍の附票に最後の住所の記載がない旨の証明書を提供した上で、行方不明者の本籍を住所として相続登記の申請をすることができる（昭32・6・27民甲1230）。

8 農地法許可と当事者の死亡　197

（注）　本項（8）においては、不動産登記法105条1号に基づく仮登記のことを「1号仮登記」、同条2号に基づく仮登記のことを「2号仮登記」という。

---

(1)　登記の方法

次の①②の登記を行う。

①　B名義の1号仮登記を本登記にして、Bを所有権登記名義人とする。

1号仮登記は、物権変動は生じているが、登記の申請をするために登記所に対し提供しなければならない情報（登記識別情報又は第三者の許可、同意若しくは承諾を証する情報）を提供することができない場合にすることができる（不登105一、不登規178）。

農地の場合、1号仮登記をしているのは、既にBを買主とする農地法所定の許可がされていることになる。登記識別情報又は農地法所定の許可書が提供できることとなったことから、1号仮登記の本登記を申請することができる。

②　①の登記後に、相続を原因としてBからBの相続人Cに所有権移転登記をする（一般的な相続登記）。死亡者を所有権登記名義人とすることができることについては memo. の先例参照。

memo.　①　台帳上の所有名義人が被相続人である未登記の宅地につき、被相続人が生前、その所有する未登記の宅地を第三者に売却し登記申請をなさずに死亡した場合には、相続人から、既に死亡している被相続人名義に右土地の所有権保存登記を申請し得る（昭

Q158〔1号仮登記権利者の相続開始〕

農地について仮登記権利者をB、仮登記義務者をAとする所有権移転仮登記の1号仮登記がされている場合において、仮登記権利者Bに相続が開始したときの仮登記の本登記の取扱いはどのようにすべきか

仮登記上の権利の相続登記（1号仮登記について相続が開始した場合）

8 農地法許可と当事者の死亡

32・10・18民甲1953)。

② 被相続人名義への所有権移転登記が未了のまま被相続人が死亡したため、被相続人が登記名義人となる所有権移転登記を相続人が申請した場合に、同登記が完了したときは、申請人である相続人に対し、登記識別情報を通知すべきである（平18・2・28民二523(522)）。

(2) 申請情報・添付情報

登 記 申 請 書

登記の目的　　○番仮登記の所有権移転本登記　❶

原　　　因　　平成○年○月○日売買　❷

権　利　者　　○市○町○丁目○番地　　［買主］
　　　　　　　　亡B
　　　　　　　○市○町○丁目○番地　❸
　　　　　　　　相続人　C

義　務　者　　○市○町○丁目○番地　　［売主］
　　　　　　　　A

添 付 情 報　❹
　　　　　　登記原因証明情報　登記識別情報　印鑑証明書
　　　　　　住所証明情報　相続証明情報
　　　　　　農地法許可書（農地法届出書）　代理権限証明情報
（以下省略）

---

❶ 仮登記に基づく本登記であることを記載する。

❷ 所有権移転の日。既に登記されている1号仮登記の登記原因及びその日付と一致する。

❸ 本登記権利者Bの相続人。保存行為として、共同相続人中の1人から申請することができる（民252ただし書）。

❹① 登記原因証明情報（不登61）
　　　後掲例参照。

　② 登記義務者の登記識別情報（不登22本文）

③ 登記義務者の印鑑証明書（不登令16・18）

④ 登記権利者の住所証明情報（不登令別表30項添付情報欄ロ）

⑤ 相続証明情報（不登令別表22項添付情報欄）

被相続人Ｂの死亡事項の記載がある戸籍事項証明書、ＣがＢの相続人であることを証する戸籍事項証明書。

⑥ 農地法5条1項（又は3条1項）の許可書（不登令7①五ハ）

農地が市街化区域内の場合は、農業委員会の受理通知書。

⑦ 代理権限証明情報（不登令7①二）

代理人によって登記を申請するときは、委任状を提供する。

＜登録免許税＞

課税価格の1,000分の20から1,000分の10の割合を控除した額（登税別表1・1・(2)ハ・17①）。ただし、平成25年4月1日から平成31年3月31日までの間に、土地の売買による所有権移転登記を受ける場合は、課税価格の1,000分の15（租特72①一）。100円未満は切り捨て（税通119①）。

〔所有権移転本登記の登記原因証明情報例〕

登記原因証明情報

1 登記申請情報の要項

(1) 登記の目的　　○番仮登記の所有権移転本登記

(2) 登記の原因　　平成○年○月○日売買　（注1）

(3) 当　事　者　　権利者　○市○町○丁目○番地

亡Ｂ

○市○町○丁目○番地　（注2）

相続人　Ｃ

義務者　○市○町○丁目○番地

Ａ

(4) 不動産の表示　（省略）

2 登記の原因となる事実又は法律行為

(1) 平成○年○月○日、ＡとＢは、本件不動産につき売買契約を締結し

仮登記上の権利の相続登記（１号仮登記について相続が開始した場合）

8 農地法許可と当事者の死亡

た。

(2) 平成〇年〇月〇日、当事者は農地法第5条第1項の許可を得、平成〇年〇月〇日、許可書の到達があった。 (注3)

(3) よって、平成〇年〇月〇日、AからBに本件不動産の所有権が移転した。 (注4)

(4) 本件不動産の所有権移転登記を申請するに際し、登記義務者Aの登記識別情報が提供できないため、AとBの合意により所有権移転仮登記（平成〇年〇月〇日〇法務局受付第〇号）を申請した。 (注5)

(5) 平成〇年〇月〇日、(4)の仮登記権利者であるBが死亡した。 (注6)

(6) 平成〇年〇月〇日、本登記するための添付情報が提供できるようになったため、AとBの相続人は(4)の仮登記の本登記を申請することに合意した。 (注7)

（以下省略）

(注1) 所有権移転の日。既に登記されている1号仮登記の登記原因及びその日付と一致する。

(注2) 本登記権利者Bの相続人。保存行為として、共同相続人中の1人から申請することができる（民252ただし書）。

(注3)(注4) 農地の所有権移転の効力は、農地法所定の許可書が当事者に到達した時に生じる。所有権移転の効力発生時期を特約で定めたときは、特約が履行された時に生じる。

(注5) 1号仮登記を申請した事実を記載する。

(注6) 本登記権利者Bが、(4)の仮登記を申請した後に死亡した事実を記載する。

(注7) 所有権が移転した日から本登記を申請するまでの日付を記載する。

Q159〔1号仮登記義務者の相続開始〕

農地について仮登記権利者をB、仮登記義務者をAとする所有権移転仮登記の1号仮登記がされている場合におい

(1) 登記の方法

1号仮登記をしている場合において、本登記をすることができる要件（登記識別情報又は第三者の許可、同意若しくは承諾を証する情報（農地法所定の許可書）の提供）を具備したときは、1号仮登記の本登記の申請

仮登記上の権利の相続登記（1号仮登記について相続が開始した場合）

⑧ 農地法許可と当事者の死亡　201

をすることができる（不登105一、不登規178）。この仮登記の本登記の申請は、仮登記権利者Bと仮登記義務者Aの相続人全員とで行う（→ **memo.** ）。

　1号仮登記の場合は、既に所有権が仮登記名義人に移転しているから、仮登記義務者の相続人に相続登記をすることなく、仮登記の本登記の申請をする。仮登記義務者の相続人に相続登記をしている場合の取扱いは**Q160**参照。

memo. 　甲が乙に不動産を売り渡しその登記をなさずに死亡した場合は、甲の相続人全員が登記義務者となり乙とともに移転登記をするべきである（昭27・8・23民甲74、最判昭36・12・15民集15・11・2865参照）。

（2）　申請情報・添付情報

て、仮登記義務者Aに相続が開始したときの仮登記の本登記の取扱いはどのようにすべきか

仮登記上の権利の相続登記（１号仮登記について相続が開始した場合）

　　　　　　登　記　申　請　書

登記の目的　　○番仮登記の所有権移転本登記　❶
原　　　因　　平成○年○月○日売買　❷
権　利　者　　○市○町○丁目○番地　　［買主］
　　　　　　　　B
義　務　者　　○市○町○丁目○番地　　［売主の相続人］　❸
　　　　　　　　亡A相続人　　C
添 付 情 報　❹
　　　　　　登記原因証明情報　登記識別情報　印鑑証明書
　　　　　　住所証明情報　相続証明情報
　　　　　　農地法許可書（農地法届出書）　代理権限証明情報
（以下省略）

---

❶　仮登記に基づく本登記であることを記載する。
❷　所有権移転の日。既に登記されている1号仮登記の登記原因及びその日付と一致する。

8　農地法許可と当事者の死亡

❸　仮登記義務者Ａの相続人全員を記載する。

❹①　登記原因証明情報（不登61）

　　　後掲例参照。

　②　登記義務者の登記識別情報（不登22本文）

　③　登記義務者Ａの相続人全員の印鑑証明書（不登令16・18）

　④　登記権利者の住所証明情報（不登令別表30項添付情報欄ロ）

　⑤　相続証明情報（不登令別表22項添付情報欄）

　　　被相続人Ａの相続人全員が判明する戸籍事項証明書（（除）戸籍謄本）、

　　　ＣがＡの相続人であることを証する戸籍事項証明書。

　⑥　農地法5条1項（又は3条1項）の許可書（不登令7①五ハ）

　　　農地が市街化区域内の場合は、農業委員会の受理通知書。

　⑦　代理権限証明情報（不登令7①二）

　　　代理人によって登記を申請するときは、委任状を提供する。

　　　　　　　　　　　　　　　＜登録免許税＞

　　　　　　　　　　課税価格の1,000分の20から1,000分の10の
　　　　　　　　　割合を控除した額（登税別表1・1・(2)ハ・17①）。
　　　　　　　　　ただし、平成25年4月1日から平成31年3月31
　　　　　　　　　日までの間に、土地の売買による所有権移転
　　　　　　　　　登記を受ける場合は、課税価格の1,000分の
　　　　　　　　　15（租特72①一）。100円未満は切り捨て（税通
　　　　　　　　　119①）。

〔所有権移転本登記の登記原因証明情報例〕

登記原因証明情報

1　登記申請情報の要項

　(1)　登記の目的　　○番仮登記の所有権移転本登記

　(2)　登記の原因　　平成○年○月○日売買　（注1）

　(3)　当　事　者　　権利者　○市○町○丁目○番地
　　　　　　　　　　　　　　　　　　Ｂ
　　　　　　　　　　義務者　○市○町○丁目○番地　（注2）
　　　　　　　　　　　　　　亡Ａ相続人　Ｃ

　(4)　不動産の表示　（省略）

仮登記上の権利の相続登記（1号仮登記について相続が開始した場合）

8 農地法許可と当事者の死亡 203

2 登記の原因となる事実又は法律行為

(1) 平成○年○月○日、AとBは、本件不動産につき売買契約を締結した。

(2) 平成○年○月○日、当事者は農地法第5条第1項の許可を得、平成○年○月○日、許可書の到達があった。 (注3)

(3) よって、平成○年○月○日、AからBに本件不動産の所有権が移転した。 (注4)

(4) 本件不動産の所有権移転登記を申請するに際し、登記義務者Aの登記識別情報が提供できないため、AとBの合意により所有権移転仮登記（平成○年○月○日○法務局受付第○号）を申請した。 (注5)

(5) 平成○年○月○日、(4)の仮登記の仮登記義務者であるAが死亡した。その相続人はCである。 (注6)

(6) 平成○年○月○日、本登記するための添付情報が提供できるようになったため、BとAの相続人Cは(4)の仮登記の本登記を申請することに合意した。 (注7)

(以下省略)

(注1) 所有権移転の日。既に登記されている1号仮登記の登記原因及びその日付と一致する。

(注2) 本登記義務者Aの相続人全員を記載する。

(注3)(注4) 農地の所有権移転の効力は、農地法所定の許可書が当事者に到達した時に生じる。所有権移転の効力発生時期を特約で定めたときは、特約が履行された時に生じる。

(注5) 1号仮登記を申請した事実を記載する。

(注6) 本登記義務者Aが、(4)の仮登記を申請した後に死亡した事実を記載し、Aの相続人全員を記載する。前記(1)の memo. 参照。

(注7) 所有権が移転した日から本登記を申請するまでの日付を記載する。

仮登記上の権利の相続登記（1号仮登記について相続が開始した場合）

Q160〔売主の相続人に相続登記がされている場合〕

農地について売主Aと買主Bとの間で売買による所有権の

8 農地法許可と当事者の死亡

移転があったが、添付情報が提供できなかったため1号仮登記をした。その後、売主Ａが死亡し、売主Ａの相続人Ｃが本件不動産について相続による所有権移転登記をした。この場合、当該仮登記の本登記の申請はどのようにすべきか

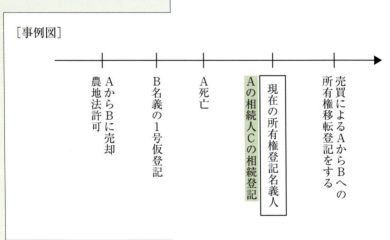

[事例図]

ＡからＢに売却・農地法許可 → Ｂ名義の1号仮登記 → Ａ死亡 → 現在の所有権登記名義人 Ａの相続人Ｃの相続登記 → 売買によるＡからＢへの所有権移転登記をする

仮登記上の権利の相続登記（1号仮登記について相続が開始した場合）

1号仮登記の仮登記義務者Ａに相続が開始して、仮登記義務者Ａの相続人Ｃが相続による所有権移転登記をしていた場合には、本登記権利者Ｂと本登記義務者Ａの相続人Ｃとの共同申請による仮登記に基づく本登記をするに際し、本登記義務者Ａの相続人Ｃが申請人となっていることから、不動産登記法109条2項（登記上の利害関係を有する第三者の承諾があった場合の当該第三者の登記の抹消）の規定を類推適用し、相続人ＣがＢの本登記を承諾しているものとみなして、登記官の職権でＣの相続登記を抹消するも

8 農地法許可と当事者の死亡　205

のと解されている（昭37・3・8民甲638、昭38・9・28民甲2660、Q＆A権利に関する登記の実務Ⅶ145頁参照）。

`memo.` ①　被相続人が売り渡した不動産の売買登記が未了の間に、遺産分割によって相続人中の1人が取得し、その登記がされた場合には、当該相続登記は錯誤を原因として抹消し、買受人のために全相続人から所有権移転登記をなすべきであるが、相続登記を抹消することなく、相続登記を受けた相続人を登記義務者としてその売買による所有権の移転の登記の申請があった場合でも、受理して差し支えない（昭37・3・8民甲638）。

②　順位3番でAからBへの所有権移転請求権仮登記がされ、その請求権による所有権の移転前にAが死亡し、その相続人Cの相続登記が順位4番でされているところ、その後B、C間において右の請求権による所有権が移転し、Bのための所有権移転本登記は、順位3番の仮登記の余白にして差し支えなく、順位4番のCの相続登記は職権で抹消する（昭38・9・28民甲2660）。

仮登記上の権利の相続登記（1号仮登記について相続が開始した場合）

206 　8　農地法許可と当事者の死亡

仮登記上の権利の相続登記（2号仮登記について相続が開始した場合）

Q161〔2号仮登記権利者の相続開始〕

農地について農地法5条の許可を条件として、仮登記権利者をB、仮登記義務者をAとする条件付所有権移転仮登記がされている場合において、仮登記権利者Bに相続が開始したときの登記の取扱いはどのようにすべきか

(1)　仮登記権利者が許可後に死亡した場合

仮登記後、買主が死亡する前に農地法5条の許可書が当事者に到達し、AからBに所有権が移転している場合、仮登記権利者Bの死亡後においては、当該仮登記を亡B名義の本登記とする所有権移転登記の申請をすることになる。その後、本件不動産について遺産分割協議等により亡Bの相続人と定められた者が、相続による所有権移転登記を申請する。

`memo.`　　農地法3条1項の許可後（許可書到達後）、所有権移転登記を申請するまでの間に買主が死亡した場合、その許可は有効である（登研124・45）。

(2)　仮登記権利者が許可前に死亡した場合

農地法所定の許可がある前に買主（仮登記権利者）が死亡した場合、その後、買主に対してされた農地法の許可は無効であり、当該許可書を提供した所有権移転登記の申請は受理されない（昭51・8・3民三4443、登研124・45）。

Q162〔2号仮登記義務者の相続開始〕

農地について農地法5条の許可を条件として、仮登記権利者をB、仮登記義務者をAとする条件付所有権移転仮登記がされている場合において、仮登記義務者Aに相続が開始したときの登記の取扱いはどのようにすべきか

(1)　仮登記義務者が許可後に死亡した場合

条件付所有権移転仮登記後、農地法所定の許可書が当事者に送達された後に仮登記義務者Aが死亡した場合には、売主の相続人全員と買主とで、仮登記の本登記の申請を行う。売主の相続人中の1人と買主から申請することはできない（昭27・8・23民甲74）。

(2)　仮登記義務者が許可前に死亡した場合

(ア)　仮登記義務者の相続人に相続登記がされている場合

仮登記義務者である所有権登記名義人

8 農地法許可と当事者の死亡　207

に相続が開始した後に、本登記ができる
原因が生じた場合（例：農地法所定の許
可書の到達、その他所有権移転特約の履
行等）において、既に仮登記義務者であ
る所有権登記名義人の相続人に相続によ
る所有権移転登記がされているときは、
次の方法による。

　当該仮登記に基づく本登記の申請は、
仮登記名義人を本登記権利者、現在の所
有権登記名義人（仮登記義務者であった
者の相続人）を本登記義務者とする共同
申請による。この場合には、本登記義務
者が申請人となっていることから、不動
産登記法109条2項（登記上の利害関係を
有する第三者の承諾があった場合の当該
第三者の登記の抹消）の規定を類推適用
して、登記官の職権で当該相続登記を抹
消するものと解されている（昭38・9・28
民甲2660、Ｑ＆Ａ権利に関する登記の実務
Ⅶ145頁）。

（イ）　仮登記義務者の相続人に相続登記がさ
れていない場合

　　仮登記義務者である所有権登記名義人
に相続が開始した後に、本登記ができる
原因が生じた場合（例：農地法所定の許
可書の到達、その他所有権移転特約の履
行等）には、一旦所有権登記名義人の相
続人に相続登記をしてから、仮登記に基
づく本登記をすべきであるが、当該相続
登記よりも先に条件付所有権移転仮登記

仮登記上の権利の相続登記（2号仮登記について相続が開始した場合）

[8] 農地法許可と当事者の死亡

がされていることから、(ア)と同じように当該相続登記は抹消されることとなる。したがって、相続登記をすることなく、仮登記に基づく本登記を申請することができる。

仮登記上の権利の相続登記（2号仮登記について相続が開始した場合）

	9 農地法許可書と更正登記等 209
農地法所定の許可書の提供を要しない（登研360・91）。	**Q163〔持分の更正〕** 農地法5条の許可を得て取得したA・B共有農地について、持分更正登記をするには農地法の許可書を要するか
農地法所定の許可書の提供を要する（登研444・107）。農地の所有権の更正をする場合に、その更正によって新たに登記名義人となる者が現れるときは、農地法所定の許可書の提供を要する（不動産登記実務の視点Ⅴ49頁）。 `memo.1` 農地法5条の許可を受け、Aに所有権移転登記を完了し、地目を宅地に変更した後に、A・B共有にすることの所有権持分更正登記の申請には、農地法の許可書の添付は要しない（登研254・71）。更正登記を申請する時点で、当該土地は非農地となっているからである（不動産登記実務の視点Ⅴ68頁）。 `memo.2` 相続によりAの所有権移転登記をした後にA・Bの共有にする場合は、農地法所定の許可書を要しない（→**Q165**）。	**Q164〔登記名義人AをA・Bに更正〕** 農地法の許可を得てAに所有権移転登記後、A・Bの共有に更正登記するには農地法の許可書の提供を要するか
相続を登記原因として登記されたAの所有権登記を、他の相続人Bとの共有にする更正登記の申請には、農地法所定の許可を要しない（登研417・104）。相続による農地の承継は、法律の規定による当然の承継であり（民896）、権利移転のための行為ではないので、農地法の許可の対象とならない。	**Q165〔相続登記名義人AをA・Bに更正〕** 相続を原因としてA名義に登記されている農地を、他の相続人Bとの共有に更正するためには農地法の許可を要するか
申請は受理されない（農地法3条の事案として、登研448・132）。	**Q166〔共有を単有に更正〕** 農地法5条の許可書の譲受人

持分・登記名義人の更正登記等

9 農地法許可書と更正登記等

持分・登記名義人の更正登記等

は数名記載されているが、所有権移転登記の申請は単有名義で申請できるか	
Q167〔許可書と異なる持分の申請〕 農地法5条の許可書の譲受人持分と申請情報の持分とが異なる場合、所有権移転登記の申請は受理されるか	申請は受理されない（登研431・262）。
Q168〔持分の記載がない許可書〕 農地法5条の許可書の譲受人持分の記載がない場合、共有者間の持分を異にする所有権移転登記の申請は受理されるか	申請は受理される（登研506・148）。
Q169〔氏名の更正〕 農地法5条の許可書の譲受人の氏名「飯田東海子」が誤って「飯田海子」と記載されている場合、許可書の氏名を訂正すべきか	所有権移転登記の申請は、許可書の記載を訂正した上ですべきであって、許可書を訂正することなく同一性を証する書面を提供して「飯田東海子」名義で申請することは相当でない（登研152・49）。 **memo.** 権利の移転の登記を申請するに当たって、登記義務者の表示に変更（更正）がある場合、申請情報と併せて変更（更正）を証する書面を提供し、かつ変更（更正）前の表示と現在の表示を併記しても、その表示変更（更正）の登記を省略する取扱いはできない（昭43・5・7民甲1260）。

9　農地法許可書と更正登記等　211

ケースに応じて次のように取り扱う。
①　農地法許可後に譲渡人が住所を移転した場合には、住所変更登記をすることなく、住所の変更を証する情報を提供して所有権移転登記を申請することができる。なお、住所移転の事実が登記記録上明らかな場合（次の②参照）は、住所の変更を証する情報の提供を要しない（登研214・71参照）。
②　農地法許可申請後に、申請に係る農地の譲渡人の住所変更登記をしたために、譲渡人の許可書の住所と登記記録上の住所とが異なる場合であっても、同一性が認められるので当該許可書を提供した所有権移転登記の申請は受理される（登研166・51）。

Q170〔譲渡人の住所の変更更正〕
農地法5条の許可書の譲渡人の住所に変更又は更正がある場合、どのように取り扱うべきか

ケースに応じて次のように取り扱う。
①　農地法許可書に記載された譲受人の住所が、錯誤により住民票の住所と相違する場合は、許可書を訂正する必要がある（登研164・46参照）。
②　農地法許可書に記載された譲受人の住所が許可後に住所移転等により相違する場合、住所の変更を証する市町村長の証明情報の提供があれば、許可書を訂正することなく、変更後の住所で所有権移転登記の申請をすることができる（登研162・49、同164・46参照）。

Q171〔譲受人の住所の変更更正〕
農地法5条の許可書の譲受人の住所に変更又は更正がある場合、どのように取り扱うべきか

持分・登記名義人の更正登記等

9 農地法許可書と更正登記等

登記原因の更正登記

Q172〔贈与を売買に更正〕 農地についての所有権移転登記の登記原因「贈与」を「売買」と更正するには農地法の許可を要するか	農地の所有権移転登記の登記原因「贈与」を「売買」と更正するについては、農地法所定の許可を要しない（登研395・93）。
Q173〔売買を真正な登記名義の回復に更正〕 農地の所有権移転登記の登記原因を「売買」から「真正な登記名義の回復」に更正するには農地法の許可を要するか	農地の所有権移転登記の登記原因「売買」を「真正な登記名義の回復」と更正するについては、農地法所定の許可を要しない（登研574・109）。

参考文献一覧（五十音順）

（本文中で使用した文献の略称順に表記しています。）

＜略称＞	＜著者名・書籍名・出版社名＞
【あ行】	
幾代他・不動産登記法	幾代通・徳本伸一補訂『不動産登記法〔第4版〕』（有斐閣）
【か行】	
会社法コンメンタール17	森本滋編『会社法コンメンタール17　組織変更、合併、会社分割、株式交換等(1)』（商事法務）
カウンター相談Ⅰ	登記研究編集室編『カウンター相談Ⅰ』（テイハン）
川井・民法概論4	川井健『民法概論4（債権各論）〔補訂版〕』（有斐閣）
Ｑ＆Ａ権利に関する登記の実務Ⅳ、Ⅶ	不動産登記実務研究会編著『Ｑ＆Ａ　権利に関する登記の実務Ⅳ』『Ｑ＆Ａ　権利に関する登記の実務Ⅶ』（日本加除出版）
Ｑ＆Ａ210選	日本法令不動産登記研究会編『事項別　不動産登記のＱ＆Ａ210選〔7訂版〕』（日本法令）
広辞苑7版	新村出編『広辞苑第7版』（岩波書店）
【さ行】	
実務からみた不動産登記の要点Ⅳ	登記研究編集室編『実務からみた不動産登記の要点Ⅳ』（テイハン）
四宮・民法総則	四宮和夫・能見善久『民法総則〔第八版〕』（弘文堂）
事例にみる表示に関する登記(3)	有馬厚彦『事例にみる表示に関する登記(3)』（テイハン）
新版注釈民法(14)	柚木馨・高木多喜男編集『新版注釈民法(14)　債権(5)』（有斐閣）
新不動産登記書式解説(一)	香川保一編著『新不動産登記書式解説(一)』（テイハン）
相続・遺贈の登記	藤原勇喜『新訂　相続・遺贈の登記』（テイハン）

【た行】

逐条解説農地法	髙木賢・内藤恵久『改訂版　逐条解説農地法』（大成出版社）
逐条農地法	農林水産省構造改善局農地制度実務研究会『逐条農地法』（学陽書房）
地目認定	一般財団法人民事法務協会『表示登記教材　地目認定（改訂版）』（一般財団法人民事法務協会）
注釈不動産登記法総論（下）	吉野衞『注釈不動産登記法総論＜新版＞下』（金融財政事情研究会）
転用のための農地売買・賃貸借	仁瓶五郎『転用のための農地売買・賃貸借』（学陽書房）
登研	『登記研究』（テイハン）
登先	『登記先例解説集』（民事法情報センター〔金融財政事情研究会〕）

【な行】

農水委員会会議録	『農林水産委員会会議録第15号』（平成21年6月16日）
農地調整事務の概要	『農地調整事務の概要（審査基準）』（平成30年4月静岡県経済産業部農地利用課）
農地の権利移動・転用可否判断の手引	一般財団法人都市農地活用支援センター『ケース別　農地の権利移動・転用可否判断の手引』（新日本法規出版）
農地法詳解	和田正明『第六次全訂新版　農地法詳解』（学陽書房）
農地法読本	宮﨑直己『農地法読本［四訂版］』（大成出版社）
農地法の設例解説	宮﨑直己『農地法の設例解説』（大成出版社）

【は行】

判決による登記の基礎	細川清「判決による登記の基礎」登記研究557号（テイハン）
判決による不動産登記の理論と実務	新井克美『判決による不動産登記の理論と実務』（テイハン）
表示に関する登記の実務1、2	監修・中村隆・中込敏久、編集代表・荒堀稔穂『Q＆A　表示に関する登記の実務』第1巻、第2巻（日本加除出版）

不動産登記研修講座	誌友会民事研修編集室『登記簿を道しるべに不動産の世界へ　不動産登記研修講座　登記記載例〔№97～№433〕』（日本加除出版）
不動産登記実務の視点Ⅲ、Ⅴ、Ⅵ	登記研究編集室編『不動産登記実務の視点Ⅲ』『不動産登記実務の視点Ⅴ』『不動産登記実務の視点Ⅵ』（テイハン）
不動産登記先例解説総覧	登記研究編集室編『不動産登記先例解説総覧』（テイハン）
不動産登記総覧書式編〈1〉	登記制度研究会編集『不動産登記総覧書式編〈1〉③』（新日本法規出版）
法律学小辞典	高橋和之他編集代表『法律学小辞典　第5版』（有斐閣）

【ま行】

民月62・2	法務省民事局編『民事月報』Vol.62№2（法曹会）
民事訴訟と不動産登記一問一答	青山正明編著『新訂　民事訴訟と不動産登記一問一答』（テイハン）

【わ行】

我妻・債権各論（上）	我妻榮『債権各論上巻（民法講義Ⅴ1）』（岩波書店）

著　者　略　歴

あおやま　おさむ
青山　修

　司法書士・土地家屋調査士（名古屋市で事務所開設）

　昭和23年生まれ　　日本土地法学会中部支部会員

　名古屋大学大学院修士課程（法学研究科）修了

　元東海学園大学人文学部非常勤講師

　一般社団法人　日本ペンクラブ会員

主な著書・論文

　「Ｑ＆Ａ　抵当権の法律と登記」、「会社計算書面と商業登記」、「第三者の許可・同意・承諾と登記実務」、「用益権の登記実務」、「利益相反行為の登記実務」、「仮登記の実務」、「不動産取引の相手方」、「民法の考え方と不動産登記の実務」（共著）、「抹消登記申請MEMO」、「相続登記申請MEMO」、「不動産登記申請MEMO－権利登記編－」、「不動産登記申請MEMO－建物表示登記編－」、「不動産登記申請MEMO－土地表示登記編－」、「商業登記申請MEMO」、「商業登記申請MEMO－持分会社編－」、「図解　株式会社法と登記の手続」、「図解　有限会社法と登記の手続」、「合資・合名会社の法律と登記」、「共有に関する登記の実務」、「図解　相続人・相続分確定の実務」、「建物の新築・増築・合体と所有権の帰属」、「不動産担保利用マニュアル」、「最新　不動産登記と税務」（共著）、「根抵当権の法律と登記」（以上、新日本法規出版）、「会社を強くする増資・減資の正しいやり方」（かんき出版）、「株式会社・有限会社登記用議事録作成の手引き」（税務経理協会）など

農地登記申請MEMO

平成30年11月 5 日　初版一刷発行
四刷発行

著　者　青　山　　　修

発行者　新日本法規出版株式会社

代表者　服　部　昭　三

発 行 所　新 日 本 法 規 出 版 株 式 会 社

本　　社　(460-8455)　名古屋市中区栄 1 － 23 － 20
総轄本部　　　　　　　　　電話　代表　052(211)1525

東京本社　(162-8407)　東京都新宿区市谷砂土原町2－6
　　　　　　　　　　　　　電話　代表　03(3269)2220

支　　社　札幌・仙台・東京・関東・名古屋・大阪・広島
　　　　　　高松・福岡

ホームページ　http://www.sn-hoki.co.jp/

※本書の無断転載・複製は、著作権法上の例外を除き禁じられています。
※落丁・乱丁本はお取替えします。　　　ISBN978-4-7882-8477-7
5100038　農地登記メモ　　　　　　ⓒ青山修 2018 Printed in Japan